Dario Bednarski

MATHE FÜR ANTIMATHEMATIKER

Analysis

Bednarski, Dario: Mathe für Antimathematiker
Sersheim, September 2014

Alle Rechte am Werk liegen beim Autor:
Dario Bednarski
Dürer-Ring 17
74372 Sersheim

Ein Titeldatensatz für diese Publikation ist bei der Deutschen Nationalbiblio-
thek erhältlich.

2. Auflage

ISBN 978-3-00-047263-3

Druckerei
Druckerei WIRmachenDRUCK GmbH
Mühlbachstraße 7
71522 Backnang
Deutschland

Visuelle Darstellungen (Cover)
©iStock.com/Gile68
©bigstockphoto.com/Ivelin Radkov

DANKSAGUNG

Diese Zeilen will ich dafür nutzen Freunden zu danken, die mir halfen dieses Buch auf die Beine zu stellen. Es halfen Tamara Choteschovsky, Salome Lakowitz, Christian Thim, Julia Thim und John Weinert beim Korrekturlesen, Mario Bially bei der Sicherstellung der korrekten Lösungen. Vielen Dank dafür!

Einige hilfreiche Marketingtipps wurden mir von John Weinert und Benedikt Streb genannt. Danke für diese Unterstützung!

Und noch ein drittes Mal will ich John Weinert für die Hilfe bei der Erstellung der Homepage www.mathe-fuer-antimathematiker.de danken!

Ansonsten will ich allen Käufern dieses Buches für Vertrauen danken – ich hoffe, dass dieses Buch euren Mathehass ein wenig lindern wird. :)

INHALTSVERZEICHNIS

Vorwort

...blabla..............................bla..........bla........................bla................bla........
..bla............bla................blabla...............................blablablabla...........blabla..
.....bla..........[diesen].............blabla............bla............blabla....blabla...........
...........blabla.........................bla..bla.......................bla...bla.......................

....[Scheiß]................bla.........blabla.......bla..........blabla..................bla..
bla.....bla........blablablabla...................................blabla................................

......bla......blabla.......bla..............blablabla.....................blabla...bla...........

...blabla......blabla.............................[liest].............blabla......bla......blabla.

...........blabla.....................................blabla..............blablabla.....................

..blabla.........blablabla..[sich]......blabla..........blabla...............bla.........bla.

...........bla..blablabla.......bla..........blablablabla..........

..blabla....................[eh]blablablabla..........bla......................blabla...bla.......

..............blabla....................................blablabl.[keiner]blabla.......bla.........

................bla...........blabla..............blablabla............bla

.................blablabla...[durch]blablabla............bla........

blablablabla......blablabla..............bla...............bla........

LIKE A BOSS

Zwei wichtige Anmerkungen

So ist das Buch aufgebaut:

Dieses Buch habe ich in drei große Kapitel aufgeteilt:

1. Rechnen,
2. Visuelles vorstellen,
3. Mathe.

Zuerst werde ich dir beibringen, Gleichungen jeder Art lösen zu können. Das ist absolute Grundlage für Mathe. Dann werde ich dir erklären, wie man sich Funktionen anhand ihres Funktionsterms auf den ersten Blick optisch grob vorstellen kann und dann kommen wir zum Eigentlichen – Mathe.

Fang gar nicht erst an die ersten beiden Kapitel zu überspringen, weil du meinst, dass du sie nicht bräuchtest und nur Mathe wichtig ist. Es ist als würdest du ein Haus ohne Fundament auf weichen Boden bauen wollen – es wird immer wieder einstürzen und nie fertig gebaut werden können. Ich kann dir nur empfehlen die ersten beiden Kapitel sorgfältig durchzulesen und immer wieder Aufgaben zum üben zu machen. Erst dann wirst du nämlich merken, dass Mathe plötzlich soo einfach ist und man tatsächlich nicht viel wissen muss!

Ganz wichtig!

Du musst dich entscheiden, dass du Mathematik verstehen willst. Wenn du das Buch ohne diese Entscheidung liest, dann wird es dir nicht viel bringen. Also, auch wenn es dir vielleicht schwer fällt das zu glauben, aber du willst jetzt Mathe verstehen! – krass, oder!? :)

Naja, genug gelabert, jetzt fangen wir mal an…

Rechnen

Rechnen mit „normalen" Gleichungen

Eine „Gleichung" solltest du schon mal gesehen haben und am besten auch schon ein bisschen verstanden haben. Bei einer Gleichung gibt es immer eine linke und eine rechte Seite. Diese beiden Seiten müssen immer – also bei jeder Umformung – gleich sein. Dass die Seiten von Schritt zu Schritt immer gleich sind, nennt man auch **äquivalent**.

Die einfachsten Gleichungen, die es so gibt, sind die

Linearen Gleichungen

Das sind die, bei denen einfach nur x drin vorkommt (und nicht x^2 oder so). Zum *Beispiel*

- $2x = 10$
- $3 = \dfrac{1}{4}x + 7$
- $5x + \dfrac{1}{7} = 2x - \dfrac{2}{3}$

Eine Gleichung nach x aufzulösen ist doch ganz einfach:

1. Alles mit x auf eine und den Rest auf die andere Seite
2. Durch die Zahl, die mit „mal" (also Multiplikation) mit dem x verbunden ist, teilen

Wenn du das bisschen üben magst, dann gibt es dafür im Aufgaben-buch auf Seite 10 ein paar Aufgaben – natürlich mit Lösungen.

***   ***   ***

So, das war jetzt hoffentlich schon bekannt und sehr einfach für dich ;)
Die nächst schwereren Gleichungen sind die

Quadratischen Gleichungen

Das sind die, bei denen die größte „Hochzahl" bei einem x eine 2 ist. Man sagt auch „Gleichungen **zweiten Grades**". Die sehen dann ungefähr so aus:

- $16 = 4x^2$
- $2x + 7 = -\dfrac{1}{3}x^2 + 2$
- $0 = 2x^2 - 9x + 1$

Die kann man jetzt nicht mehr so einfach nach x auflösen, wie die linearen Gleichungen, weil man x und x^2 nicht zusammenfassen kann. Und weil man diese eben nicht ganz einfach lösen kann, könnte es für solche Gleichungen ja eine Formel geben...

Mitternachtsformel (auch ABC – Formel genannt).

In manchen Schulen (wie auch in meiner), wird die **PQ-Formel** gelehrt. Die erkläre ich dann hinterher.

Ich glaub', am besten verstehst du die Mitternachtsformel an einem *Beispiel*

$$0,5x^2 + 0,5 = x^2 - x - 1 \qquad |-0,5x^2 \quad |-0,5$$

Als erstes muss alles auf eine Seite gebracht werden, sodass da 0=... steht.

$$0 = 0,5x^2 - x - 1,5$$
$$a = 0,5 \quad b = -1 \quad c = -1,5$$
$$x_{1/2} = \frac{-b \pm \sqrt{b^2 - 4ac}}{2a} \qquad | \text{ einsetzen}$$
$$x_{1/2} = \frac{-(-1) \pm \sqrt{(-1)^2 - 4 \cdot 0,5 \cdot (-1,5)}}{2 \cdot 0,5}$$
$$x_{1/2} = \frac{1 \pm \sqrt{1 + 3}}{1}$$
$$x_{1/2} = 1 \pm 2$$
$$x_1 = 1 + 2 \qquad\qquad x_2 = 1 - 2$$
$$x_1 = 3 \qquad\qquad\quad x_2 = -1$$

Um die Mitternachtsformel anwenden zu können, muss man genau eine Sache beachten:

- Es muss alles auf einer Seite stehen, sodass da $0=ax^2+bx+c$ steht.

Aufgaben gibt es dann auf Seite 11 im Aufgabenbuch.

Zusammenfassung (Mitternachtsformel)

1. Schmeiß alles auf eine Seite, sodass $0=ax^2+bx+c$
2. Bestimme a , b und c
3. In die Formel einsetzen und ausrechnen

Die PQ – Formel

Um quadratische Gleichungen zu lösen, gibt es neben der allgemeineren Mitternachtsformel auch die PQ- Formel. Am besten wirst du sie wohl an einem *Beispiel* verstehen.

$$0,5x^2+0,5=x^2-x-1 \qquad |-0,5x^2 \quad |-0,5$$

Als erstes muss alles auf eine Seite gebracht werden, sodass da $0=...$ steht.

$$0=0,5x^2-x-1,5 \qquad |0,5 \text{ ausklammern, damit } x^2 \text{ alleine steht}$$

Das ist ganz wichtig, dass x^2 alleine steht!

$$0=0,5\cdot(x^2-2x-3) \qquad |x^2 \text{ steht alleine} \to p \text{ und } q \text{ ablesen}$$

$$p=-2 \quad q=-3$$

Die allgemeine Vorschrift lautet: $0=x^2+px+q$

$$x_{1/2}=-\frac{p}{2}\pm\sqrt{\left(\frac{p}{2}\right)^2-q}$$

$$x_{1/2}=-\frac{(-2)}{2}\pm\sqrt{\left(\frac{(-2)}{2}\right)^2-(-3)}$$

$$x_{1/2}=1\pm\sqrt{1+3}$$

$$x_{1/2}=1\pm\sqrt{4}$$

$$x_1=1+2 \qquad x_2=1-2$$

$$x_1=3 \qquad x_2=-1$$

Ja, so wendet man die PQ- Formel an – ist doch eigentlich ganz einfach, oder?!

Zusammenfassung (PQ-Formel)

1. Alles auf eine Seite schmeißen, sodass $0=...$
2. Die Zahl vor dem x^2 ausklammern, sodass x^2 alleine steht
3. Dann p und q bestimmen
4. In die Formel einsetzen und ausrechnen

Tipps zum Lösen einer quadratischen Gleichung

Du könntest mit der Mitternachts- bzw. PQ – Formel jede quadratische Gleichung lösen. Allerdings kannst du dir bestimmt vorstellen, dass es auch quadratische Gleichungen gibt, die man auch ohne Formel lösen kann.

> Für die Lösung einer quadratischen Gleichung braucht man <u>nicht</u> immer eine Formel.

Ehrlich gesagt musst du die Mitternachts- bzw. PQ – Formel nur dann anwenden, wenn in der Gleichung neben dem x^2 auch ein x und eine Zahl ohne x vorhanden sind. Also nur dann, wenn du eine Gleichung hast, die nach diesem Schema aufgebaut ist: $0=ax^2+bx+c$.

Es könnte aber auch sein, dass eine quadratische Gleichung ohne eine einfache Zahl vorkommt, also: $0=ax^2+bx$. Wenn dies der Fall sein sollte, dann könntest du die Gleichung lösen indem du das x einfach ausklammerst.

Beispiel (Ausklammern)

$0=2x^2-4x$
$0=x(2x-4)$

Dadurch, dass wir das x ausklammern, erhalten wir ein Produkt – siehst du das? Die erste Gleichung $0=2x^2-4x$ war noch eine Subtraktion, aber jetzt steht da ein Produkt $0=x(2x-4)$. Das Minus ist zwar noch vorhanden, aber nur noch in der Klammer – das zählt nicht. Da wir jetzt also ein Produkt haben, gilt

> Wenn ein Faktor (= Teil eines Produktes) Null ist, dann ist das Produkt auch Null.

Zeigen wir das mal an dem *Beispiel*:

$$0= \quad x \quad \cdot \quad (2x-4)$$
$$\text{1.Faktor} \quad \cdot \quad \text{2.Faktor}$$

Wenn jetzt der erste Faktor – also das x – Null ist, dann kommt immer Null raus! Und somit hätten wir auch schon die erste Lösung - nämlich $x_1=0$.

Das könnten wir schnell prüfen:

$$0=0\cdot(2\cdot0-4)$$
$$0=0\cdot(-4)$$
$$0=0 \quad \rightarrow \text{ also passt´s!}$$

Und jetzt könnten wir noch ausrechnen, bei welchem x der zweite Faktor Null wird. Dafür setzen wir ihn gleich Null:

$$0=2x-4 \qquad |+4$$
$$4=2x \qquad |÷2$$
$$x_2=2$$

Auch das könnte man schnell testen:

$$0=2\cdot(2\cdot2-4)$$
$$0=2\cdot0$$
$$0=0 \quad \rightarrow \text{ passt also auch!}$$

Dieses Beispiel könnte auch einfach mit der Mitternachts- bzw. PQ – Formel ausgerechnet werden können. Dafür müsste für c bzw. q eine Null einsetzt werden, aber in der Regel ist man mit dem Ausklammern viel schneller!

Jetzt weißt du, dass du bei $0 = ax^2 + bx + c$ immer eine Formel anwenden musst und bei $0 = ax^2 + bx$ eine Formel anwenden könntest, besser wäre es aber, das x auszuklammern.

Du kannst dir aber sicher auch vorstellen, dass es eine weitere Art von quadratischen Gleichungen gibt, nämlich $0 = ax^2 + c$. Das heißt, dass da kein einfaches x mehr in der Gleichung steht, sondern nur ein Summand mit x^2 und einer komplett ohne x. Auch diese Art von quadratischen Gleichungen könntest du nach wie vor mit einer Formel berechnen – du könntest es aber auch etwas geschickter machen:

Beispiel (Wurzel ziehen):

$$0 = 2x^2 - 8 \qquad | +8$$
$$8 = 2x^2 \qquad | \div 2$$
$$4 = x^2 \qquad | \pm\sqrt{}$$
$$x_{1/2} = \pm 2$$

Das heißt, wenn eine quadratische Gleichung in der Form $0 = ax^2 + c$ gegeben ist, könntest du nach x^2 auflösen und anschließend die Wurzel ziehen. Dabei solltest du nur beachten, dass du immer „plusminus" die Wurzel ziehst: $\pm\sqrt{}$.

Denke immer daran, dass es beim Ziehen einer Wurzel zwei Lösungen gibt – eine positive und eine negative!

Zusammenfassung (lineare und quadratische Gleichungen)

Bis jetzt kannst du lineare und quadratische Gleichungen lösen. Bei den linearen müsste man einfach nur nach x auflösen, bei den quadratischen könnte es – je nach Zusammenstellung – mehrere Möglichkeiten geben. Zuerst sollte aber alles auf eine Seite geschmissen werden, sodass da 0 = ... steht.

Hier eine Übersicht, wann du welchen Lösungsansatz verwenden kannst:

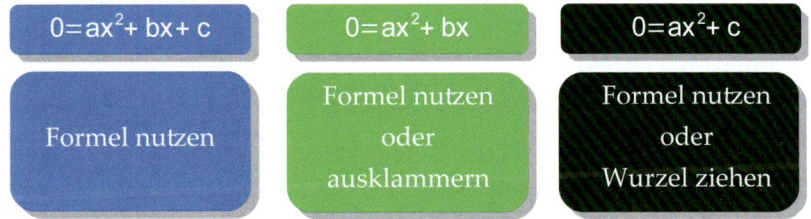

Ansonsten musst du dir noch zwei Dinge unbedingt merken:

1. Wenn bei einem Produkt ein Faktor Null ist, dann ist das ganze Produkt Null.

2. Wenn man die Wurzel zieht, ergibt das immer zwei Ergebnisse, ein positives (zeigt der Taschenrechner an) und ein negatives (zeigt der Taschenrechner nicht an – muss man selbst dran denken).

***　　　　***　　　　***

Ja, und das war auch schon alles, das man genau berechnen kann: Nur lineare und quadratische Gleichungen. Gleichungen höheren Grades, also wenn ein x^3 oder höher dabei stehen würde, kann man nicht berechnen – komisch, oder?

Also, berechnen irgendwie schon, aber nicht direkt. **Man könnte solche Gleichungen berechnen, indem man mit geschickten Tricks aus diesen Gleichungen eine Gleichung zweiten oder ersten Grades macht.** Das wird zum Beispiel bei der

Substitution

so gemacht. Das Wort Substitution kommt aus dem Lateinischen substituere und bedeutet „ersetzen". Genau das machen wir bei der Substitution auch.

$$0 = x^4 - 2x^2 - 3$$

Auf den ersten Blick könnte auffallen, dass diese Gleichung einer quadratischen Gleichung total ähnelt. Mathematisch könnten wir sogar so tun, als wäre das eine quadratische Gleichung, indem wir einfach x^2 mit z ersetzen.

$$0 = x^4 - 2x^2 - 3 \qquad | \; x^2 = z$$
$$0 = z^2 - 2z - 3$$

So, und jetzt haben wir eine quadratische Gleichung, die wir mittlerweile ganz easy berechnen könnten, oder?? ☺

Mit der Mitternachtsformel **Mit der PQ- Formel**

$$0 = z^2 - 2z - 3$$

$a = 1; b = -2; c = -3$

$p = -2; q = -3$

$$z_{1/2} = \frac{-b \pm \sqrt{b^2 - 4ac}}{2a}$$

$$z_{1/2} = -\frac{p}{2} \pm \sqrt{\left(\frac{p}{2}\right)^2 - q}$$

$$z_{1/2} = \frac{-(-2) \pm \sqrt{(-2)^2 - 4 \cdot 1 \cdot (-3)}}{2 \cdot 1}$$

$$z_{1/2} = -\frac{(-2)}{2} \pm \sqrt{\left(\frac{(-2)}{2}\right)^2 - (-3)}$$

$$z_{1/2} = \frac{2 \pm \sqrt{4 + 12}}{2}$$

$$z_{1/2} = 1 \pm \sqrt{(-1)^2 + 3}$$

$$z_{1/2} = \frac{2 \pm \sqrt{16}}{2}$$

$$z_{1/2} = 1 \pm \sqrt{1 + 3}$$

$$z_1 = \frac{2+4}{2} = \frac{6}{2} = 3 \qquad\qquad z_1 = 1 + \sqrt{4} = 1 + 2 = 3$$

$$z_2 = \frac{2-4}{2} = \frac{-2}{2} = -1 \qquad\qquad z_2 = 1 - \sqrt{4} = 1 - 2 = -1$$

So, jetzt haben wir das ausgerechnet und wissen, dass $z_1 = 3$ und $z_2 = -1$ ist. Doch was hat das eigentlich mit unserer Ausgangsgleichung $0 = x^4 - 2x^2 - 3$ zu tun? Diese Gleichung wollten wir ja eigentlich lösen. Haben dann für x^2 jeweils ein z eingesetzt und dann die Gleichung gelöst. Das heißt, wir wollten eigentlich mal x berechnen, haben jetzt aber erst mal z berechnet. Um daraus jetzt x zu bekommen, müssten wir resubstituieren, also „rückersetzen". Dafür setzen wir für z wieder x^2 ein.

$$z_1 = 3 \qquad\qquad | \; z = x^2$$
$$x^2 = 3 \qquad\qquad | \pm \sqrt{}$$
$$x_1 = +\sqrt{3}$$
$$x_2 = -\sqrt{3} \qquad \text{man könnte auch } x_{1/2} = \pm\sqrt{3} \text{ schreiben}$$

...und das selbe machen wir noch mit z_2

$$z_2 = -1 \qquad\qquad | \; z = x^2$$
$$x^2 = -1 \qquad\qquad | \pm \sqrt{}$$

ERROR → aus einer negativen Zahl kann man keine Wurzel ziehen. Somit hat die Gleichung also nur zwei Lösungen $x_{1/2} = \pm\sqrt{3}$. Wenn z_2 aber positiv wäre, hätte sie insgesamt vier Lösungen. Man könnte also vier verschieden Zahlen für x einsetzen, sodass die Gleichung aufgehen würde.

Zusammenfassung (Substitution)

1. Alles auf eine Seite schmeißen, sodass $0 = \ldots$
2. substituiere x^2 mit z

3. Gleichung lösen

4. resubsituiere z mit x^2

$$*** \qquad *** \qquad ***$$

Das war der erste Trick, um aus einer Gleichung höheren Grades – in diesem Fall Grad 4 – eine Gleichung zweiten Grades zu machen. Der zweite Trick ist bekannt und nennt sich

Ausklammern.

Naja, ausklammern kannst du bestimmt schon irgendwie so ein bisschen. Aber das solltest du wirklich richtig gut können und vor allem auch sofort erkennen, ob man ausklammern kann. Das musst du drauf haben!

$0 = 2x^5 - 5x^4$

$0 = x^4(2x - 5) \qquad \rightarrow \qquad x_{1/2/3/4} = 0$ weil x^4 ausgeklammert wurde

$0 = 2x - 5 \qquad |+5$

$5 = 2x \qquad |\div 2$

$x_5 = 2{,}5$

Da gibt's noch einige Aufgaben im Übungsbuch auf Seite 12. Die solltest du auf jeden Fall machen, auch wenn du meinst, dass du das schon kannst.

$$*** \qquad *** \qquad ***$$

Sonst gibt es noch eine letzte Kleinigkeit, die man im Kopf haben sollte, um Gleichungen höheren Grades lösen zu können: Wenn die Gleichung nur aus zwei Teilen bestehen sollte, nachdem alles auf eine Seite geworfen wurde, z.B $0=x^4-16$ oder $0=2x^3+54$, dann löst man die Gleichung natürlich durch Wurzelziehen.

Beispiel:

$0=x^4-16$ $|+16$

$16=x^4$ $|\sqrt[4]{}$

$x_{1/2}=\pm 2$ ...bei jeder geraden Wurzel gibt es zwei Lösungen...

Anderes *Beispiel*:

$0=2x^3+54$ $|-54$

$-54=2x^3$ $|\div 2$

$-27=x^3$ $|\sqrt[3]{}$

$x=-3$

Beachte: Bei ungeraden Wurzeln ($\sqrt[3]{}$ $\sqrt[5]{}$ ...) ist die Lösung eindeutig, es gibt nur eine Lösung. Bei geraden Wurzeln gibt es immer eine positive und eine negative Lösung.

Zusammenfassung (lösen von „normalen" Gleichungen)

Das war dann auch schon alles, was du wissen und können musst um „normale" Gleichungen zu lösen. Man kann also nur

- lineare und
- quadratische

Gleichungen direkt berechnen. Wenn eine Funktion höheren Grades zu berechnen ist, versucht man diese geschickt zu einer linearen oder quadratischen Gleichung „umzuformen". Dafür gibt es zwei Tricks:

- Substitution (Beachte, dass auch resubstituiert werden muss!)
- Ausklammern (Wenn bei einem Produkt ein Faktor Null ist, dann ist das ganze Produkt Null!)

Außerdem könnte die Gleichung aus nur zwei Teilen bestehen – z.B. $0=2x^3+54$ – dann könnte man die Gleichung mit Wurzelziehen lösen.

Rechnen, wenn das x im Nenner steht

Wenn das x im Nenner steht, dann nennt man das **gebrochenrational**. Um solche Gleichungen zu lösen, könnte man das x mit „mal" aus dem Nenner raus holen.

Beispiel:

$$3 = \frac{12}{x+1} \qquad | \cdot (x+1)$$

$$3(x+1) = 12 \qquad | \text{ ausmultiplizieren}$$

$$3x+3 = 12 \qquad | -3$$

$$3x = 9 \qquad | \div 3$$

$$x = 3$$

Ja, so wird das gemacht. Also als erstes immer dran denken, dass das x aus dem Nenner raus muss.

Beachte: Es gibt auch eine andere Schreibweise, bei der nicht sofort ersichtlich ist, dass das x im Nenner steht. Und zwar bedeutet x^{-1} dasselbe wie $\frac{1}{x}$ und $3x^{-2}$ dasselbe wie $\frac{3}{x^2}$. Das heißt immer, wenn ein x mit negativem Exponenten vorkommt, dann steht das x eigentlich im Nenner..

Wieso es diese Schreibweise gibt und wie man sie sich merken könnte, zeigt die folgende Tabelle:

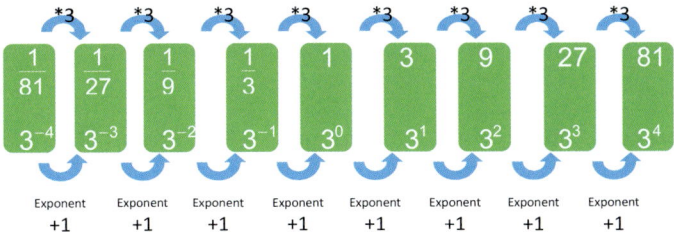

Das ist übrigens auch so eine Sache, die nur wenige Mathelehrer erklären – diese Tabelle.

Man sieht also, dass oben jeweils „mal drei" genommen wird und unten erhöht sich dafür der Exponent um 1. Genauso geht das dann halt auch rückwärts – von rechts nach links gesehen, teilt man oben immer durch drei und dadurch nimmt der Exponent um 1 ab. Deswegen gilt dann eben z.B. $\frac{1}{3^2}=3^{-2}$.

An dieser Tabelle könnte man auch erkennen, warum **jede Zahl[1] hoch Null gleich 1 ist** – denk mal drüber nach ;)

Rechnen, wenn das x oben steht

Das x steht manchmal im **Exponenten**, also „oben". Das hast du bestimmt schon mal gesehen. Eine typische Gleichung sieht zum *Beispiel* so aus:

$$10.000=2.000\cdot 1{,}07^{x}$$

Tzja, wie könnten wir diese Gleichung jetzt nach x umstellen? Das ist dieses Mal nicht so einfach, weil das x dieses Mal oben, also im Exponenten steht. Wir bräuchten also etwas, das das x von da oben runter holt. Und dieses etwas gibt es sogar und es heißt **Logarithmus**. Ja, da wird manchen schlecht, wenn sie das hören, aber ganz ehrlich, das ist echt nicht so schlimm, wie viele denken. Lösen wir doch erst mal das oben genannte *Beispiel*:

$$10.000=2.000\cdot 1{,}07^{x} \qquad |\div 2.000$$
$$5=1{,}07^{x}$$

Erst mal bis hier hin. Das erste was ich jetzt gemacht habe, ist alles auf eine Seite zu schmeißen, außer die Zahl, die das x da oben hat. Diese

---

1   außer die Null

Zahl, die da halt unten steht, nennt man übrigens **Basis**. So, diese Form, die man jetzt hat – eben dass alles auf einer Seite ist, außer die Zahl mit dem x oben – ist notwendig, damit man den Logarithmus anwenden kann. Deswegen machen wir das jetzt auch:

$$1,07^x = 5 \qquad | \log$$
$$x = \log_{1,07}(5) \qquad | \text{Taschenrechner}$$
$$x \approx 23,79$$

Allgemein musst du dir nur folgendes merken:
Erst zur gewünschten Form umwandeln und dann den Logarithmus anwenden.

$$a^x = b \qquad | \log$$
$$x = \log_a(b)$$

Es könnte sein, dass du das nicht einfach so in den Taschenrechner eingeben kannst, stimmt's? Dann musst du einfach das was in der Klammer steht in Taschenrechner eingeben – in diesem Fall also eine 5 –, dann auf log drücken. Dann teilst du das durch den Logarithmus von dem, was da unten beim log steht.

Folgendes müsstest du im Taschenrechner drücken:

$$5 \rightarrow \log \rightarrow \div \rightarrow 1,07 \rightarrow \log \rightarrow =$$

Wichtig ist, dass du das „=" am Ende nicht vergisst, sonst steht da nämlich noch der Logarithmus von 1,07 .

Das war dann auch schon alles, was du wissen musst, um das x aus dem Exponenten zu holen: Immer auf diese Form kommen $a^x = b$ und dann den Logarithmus anwenden.

Am besten du machst jetzt schon mal paar Aufgaben auf Seite 13.

Okay, jetzt weißt du also wie man Gleichungen berechnet, wenn das x oben steht und eine Zahl unten. Du hast in der Schule aber bestimmt viel mehr mit Aufgaben zu tun, bei denen unten die **Euler'sche Zahl** steht, also das e . Diese Gleichungen berechnet man ganz genauso wie die Gleichungen, die du eben gerechnet hast. Der einzige Unterschied besteht darin, dass die Basis (die Zahl, die unten steht) eben das e ist. Davon solltest du dich nicht irritieren lassen, denn immerhin ist e auch nur eine Zahl: e=2,718...

Die Zahl e in Verbindung mit Funktionen und Graphen ist wie die Zahl π in der Geometrie – ist halt irgendwie eine besondere Zahl.

So, bis jetzt haben wir immer den Logarithmus genommen und hatten als Basis eine normale Zahl. Im oberen Beispiel ist das die Zahl 1,07 gewesen. Jetzt, wenn wir mit e rechnen, wird e die Basis sein. Und weil der Logarithmus zur Basis e so oft benutzt wird, hatte man einfach kein Bock mehr immer und immer wieder $\log_e$ zu schreiben und hat gesagt: Wir erfinden jetzt den **natürlichen Logarithmus** und schreiben dafür ln .

Das heißt also, dass ln nichts anderes als $\log_e$ ist.

Beispiel:

$$10=e^x+3 \qquad |-3$$
$$7=e^x \qquad\qquad |\log$$
$$x=\log_e(7)=\ln(7)$$

Der natürliche Logarithmus ist nichts anderes als der Logarithmus zur Basis **e** :

$$\log_e=\ln$$

Zusammenfassung (x steht oben)

1. Umformen, sodass $a^x = b$
2. Mit dem Logarithmus das x runter holen: $x = \log_a(b)$
3. Natürlicher Logarithmus: $\log_e = \ln$

***　　　　***　　　　***

Gut, jetzt kannst du schon ziemlich viel. Es fehlt nur noch das Rechnen mit den sogenannten trigonometrischen Funktionen – ich weiß, wieder so ein komisches Wort, aber du solltest schon wissen was das ist. Trigonometrisch ist immer Sinus, Kosinus oder Tangens, wobei man am besten Sinus und Kosinus kennen und können sollte.

Rechnen mit Sinus/Kosinus/Tangens

Wie gerade schon erwähnt, nennt man so Gleichungen mit Sinus etc. dann **trigonometrisch**. Das kann man sich vielleicht an dem „Tri" merken, was irgendetwas mit „drei" zu tun hat. Es gibt eben Sinus, Kosinus und Tangens.

Naja, wie auch immer man das alles nennt und sich merkt – Hauptsache wir können damit irgendwie rechnen.

Beispiel: $\qquad \sin(x) = 0{,}5$

Das Ziel ist ja immer nach x aufzulösen und dabei stellt sich hier eine ähnliche Frage wie bei den Exponentialgleichungen, bei denen wir uns gefragt haben, wie wir das x aus dem Exponenten bekommen könnten. So könnten wir uns hier fragen: Wie bekommen wir das x da aus diesem Sinus raus? Bei den Exponentialgleichungen haben wir dafür den Logarithmus angewendet. Wenn wir das x aus dem Sinus bekommen wollen, müssen wir den **Arcussinus** anwenden. Den Arcussinus findest du auf deinem Taschenrechner – da wird er so geschrieben: $\sin^{-1}$. Und analog dazu, also genauso wie wir das x aus dem Sinus raus holen, könnten wir es auch aus dem Kosinus mit $\cos^{-1}$ und Tangens mit $\tan^{-1}$ holen.

Dafür gibt es – wie bei den Exponentialgleichungen – **eine Voraussetzung**: Alles muss auf einer Seite stehen und Sinus bzw. Kosinus bzw. Tangens auf der anderen.

Trigonometrische Gleichungen rechnet man ähnlich wie Exponentialgleichungen. Man muss eine Voraussetzung erfüllen und dann das x mittels der Umkehrfunktion raus holen.

$$\sin(x)=a \qquad \quad | \sin^{-1}$$
$$x=\sin^{-1}(a)$$

Dabei musst du beachten, dass $\sin^{-1}(a)$ in den Taschenrechner eingegeben werden kann und deswegen nichts anderes als eine Zahl ist. Genau so ist es ja auch mit $\log_a(b)$. Das kann man auch einfach ausrechnen…

Beachte: Je nachdem wie gut der Taschenrechner ist, kommt bei dem Ergebnis die Angabe im Bogenmaß <u>oder</u> in Grad raus. Das kann man bei manchen Taschenrechnern auch einstellen. Wenn also irgendetwas ganz komisches raus kommen sollte, dann einfach mal gucken, ob man das Ergebnis vielleicht einfach anders ausgeben lassen muss.

Okay, das war´s auch schon. Mehr musst du auch hier nicht wissen.

Zusammenfassung (Rechnen mit Sinus/Kosinus/Tangens)

1. Umformen, sodass $a = \sin(x)$
2. x mit der Umkehrfunktion $\sin^{-1}$ raus holen: $x = \sin^{-1}(a)$

Falls das Ergebnis merkwürdig erscheint, könnte es sein, dass man zwischen Grad und Bogenmaß im Taschenrechner umstellen muss.

Zusammenfassung (alles bis hierhin)

Lineare Gleichungen

Da musst du einfach nur nach x auflösen.

Quadratische Gleichungen

Nachdem alles auf einer Seite ist, also $0 = ...$, gibt es drei Möglichkeiten.

1. Die Mitternachts- bzw. PQ- Formel kannst du immer anwenden!
2. Wenn in jedem Summanden ein x ist, dann kannst du ausklammern.
3. Wenn der Summand mit einem x nicht vorhanden ist, kannst du nach x^2 auflösen und dann die Wurzel ziehen.

Substitution

Wird bei Gleichungen vierten Grades und folgender Form angewandt: $0 = ax^4 + bx^2 + c$.

1. Substituiere: ersetze x^2 mit z
2. Löse die nun quadratische Gleichung
3. Resubstituiere: ersetze z mit x^2
4. Ziehe dir Wurzel, um x raus zu bekommen.

Ausklammern

Wird bei Gleichungen angewandt, die in jedem Summanden ein x haben, z.B.: $0=3x^4+4x^3-x^2$. Beachte, dass auch hier $0=\dots$ stehen muss!

→ Klammer so viele x wie möglich aus. In diesem Beispiel wäre es $0=x^2\left(3x^2+4x-1\right)$.

x im Nenner (gebrochenrational)

Als erstes Ziel gilt: Das x muss aus dem Nenner raus! Danach löst man die Gleichung wie gewohnt.

x steht oben (Exponentialgleichungen)

Hier müsstest du erst alles auf eine Seite schmeißen und die Zahl mit dem hoch^x auf die andere Seite. Das sieht allgemein geschrieben so aus: $a^x=b$. Dann müsstest du den Logarithmus zur Basis a von b nehmen, das x fällt dabei einfach nur runter: $x=\log_a(b)$

Sinus/ Kosinus/ Tangens (trigonometrisch)

Ähnlich den Exponentialgleichungen musst du alles auf eine Seite schmeißen, sodass $\sin$, $\cos$ oder $\tan$ alleine auf der anderen Seite steht, z.B.: $\sin(x)=0{,}5$. Das x kriegst du mithilfe der Umkehrfunktion, also $\sin^{-1}$ oder $\cos^{-1}$ oder $\tan^{-1}$ raus.

***　　　　***　　　　***

So, jetzt hast du es geschafft. Nun kannst du alles berechnen (, wenn du genug geübt hast ☺). Als nächstes zeige ich dir, wie du dir anhand des Funktionsterms die Funktion optisch vorstellen kannst. Das ist bei sehr vielen Aufgaben sehr sehr hilfreich..

VISUELLES VORSTELLEN

Der Sinn dieses Kapitels

Zuerst will ich dir den Sinn dieses Kapitels erklären. Das ist ganz wichtig, damit deine Frage „Warum sollte ich das lesen?!" beantwortet wird.

Das Kapitel dient grundsätzlich zum einfacheren Lernen und zum besseren Verständnis von Mathe. Begründet wird das ganze psychologisch:

1. Wenn ich dir etwas erzähle und du das, was ich dir erzähle, zum aller ersten Mal hörst, dann wirst du dir nur wenig davon behalten können.

2. Wenn du das, was ich dir erzähle, schon einmal gehört hast und somit gedanklich einordnen kannst, dann kannst du dir schon mal mehr davon behalten, als wenn du es zum ersten Mal gehört hättest.

3. Wenn du – als dritte und letzte Stufe – vorausahnen kannst, was ich dir erzähle, dann wirst du dir fast alles behalten können!

Genau so ist es auch beim Lernen von Mathe. Wenn du eine Aufgabe machst, die du noch nie vorher gemacht hast (und auch keine ähnliche Aufgabe), dann bist du danach nicht viel schlauer, weil du am Ende der Aufgabe kaum noch weißt, wie du überhaupt zum Ergebnis gekommen bist. Wenn du eine ähnliche oder sogar die gleiche Aufgabe schon einmal gemacht hast, dann wirst du dir beim Bearbeiten der

Aufgabe schon etwas mehr merken können, weil du es gedanklich einordnen kannst. Und auch hier wieder die letzte Stufe: Wenn du das Ergebnis der Aufgabe vorausahnen kannst, dann lernst du auch am
meisten dabei.

Und genau dieses Vorausahnen können wir in Mathe beim Thema
Analysis sehr gut durch das visuelle Vorstellen abdecken. Deswegen
ist auch dieses Kapitel enorm wichtig, auch wenn du es in der Schule
so noch nicht gehört hast.

> Je besser du dir Funktionen visuell vorstellen kannst, desto
> einfacher wird dir die Bearbeitung von Aufgaben fallen,
> weil du die Ergebnisse vorausahnen kannst.

Jetzt geht's los

Also, wir fangen mal gaaanz allgemein an: Es gibt hauptsächlich

1. Ganzrationale Funktionen $\quad$ (Bsp.: $f(x)=x^3-2x^2+5$)
2. Gebrochenrationale Funktionen $\quad$ (Bsp.: $f(x)=x^{-1}+\dfrac{2}{x^3}$)
3. Exponentialfunktionen $\quad$ (Bsp.: $f(x)=e^x$, $g(x)=2^x$)
4. Trigonometrische Funktionen $\quad$ (Bsp.: $f(x)=\sin(x)$, $g(x)=\cos(x)$)

die du unterscheiden können musst. Also genau die Funktionen, deren
Gleichungen du schon beim Rechnen geübt hast. Jetzt wird es mehr
darum gehen, wie die Funktionen aussehen und was sie für Eigenschaften haben.

Ganzrationale Funktionen

Ganzrationale Funktionen sind die mit x^3 oder x^2 oder x^5 usw. Also, wenn das x ganz normal in der Basis steht und im Exponenten eine positive, ganze Zahl.

Beispiel: $\quad f(x) = 2x^3 + 4x - 5$

Die grobe Form einer ganzrationalen Funktion wird durch ihren Grad bestimmt. Der Grad einer Funktion ist einfach nur die höchste Zahl, die bei einem x im Exponenten steht. Das eben genannte Beispiel ist eine Funktion dritten Grades, weil x^3 das „höchste" x ist. Wenn eine Funktion zum Beispiel diesen Funktionsterm besitzt: $f(x) = 2x^2 - 3^4$, dann ist das eine Funktion zweiten Grades und nicht vierten! Das liegt daran, weil die „4" im Exponenten eine Zahl als Basis hat (in diesem Fall die 3) und kein x . Diese Schreibweise ist zwar nicht üblich, könnte aber eine Falle in einer Arbeit darstellen.

Damit du mal ein paar Graphen von ganzrationalen Funktionen siehst, habe ich dir hier ein paar Beispiele gegeben. Der Grad der jeweiligen Funktion steht unter dem Bild. Schau dir diese 12 Graphen doch mal etwas genauer an und versuche Gemeinsamkeiten und Unterschiede zu finden. Nimm dir dafür bitte 1-2 Minuten Zeit.

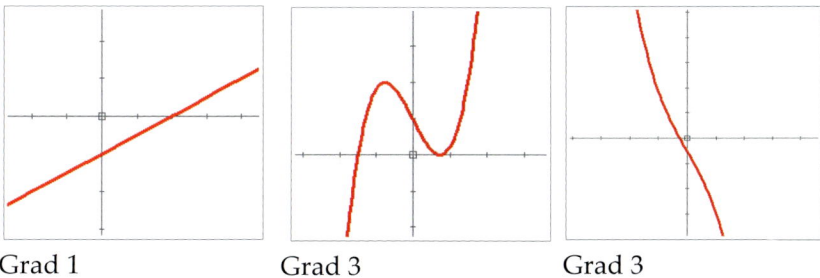

Grad 1   Grad 3   Grad 3

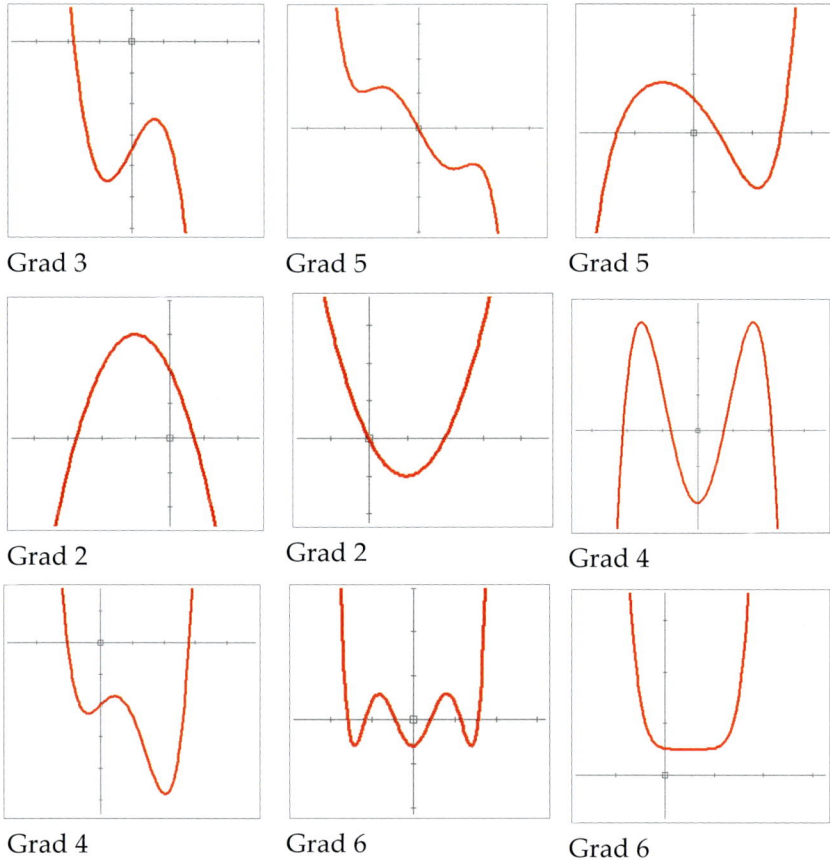

Grad 3   Grad 5   Grad 5

Grad 2   Grad 2   Grad 4

Grad 4   Grad 6   Grad 6

Und, was ist dir aufgefallen? Ist dir vielleicht aufgefallen, dass Funktionen mit geradem und ungeradem Grad getrennt sind? Oben sind sechs Graphen von Funktionen mit ungeradem Grad und unten sechs Graphen von Funktionen mit geradem Grad.

Wenn dir das aufgefallen ist, sind dir dann vielleicht auch die grundlegenden Unterschiede zwischen geradem und ungeradem Grad aufgefallen? Dabei hätte dir auffallen können, dass der Graph einer Funktion mit ungeradem Grad immer von unten nach oben verläuft oder von oben nach unten während der Graph einer Funktion mit geradem Grad von oben kommt und nach oben wieder abhaut oder von unten kommt und nach unten wieder abhaut. In diesem Zusammenhang sei noch zu erwähnen, dass Funktionen mit einem geraden Grad somit keine Nullstelle/n haben müssen während Funktionen mit einem ungeradem Grad immer mindestens eine Nullstelle haben! (Denk' jetzt solange darüber nach bis du es verstanden hast.)

Als letztes Unterscheidungsmerkmal könnte dir noch aufgefallen sein, wie sich zum Beispiel die Graphen der Funktionen 3. und 5. Grades unterscheiden oder 2. und 6. usw. Also welche Rolle spielt der Grad der Funktion denn eigentlich? Es gilt, je höher der Grad einer Funktion ist, desto mehr Extrempunkte kann (muss nicht!) der Graph dieser Funktion haben. Dadurch entstehen diese „Wellen".

Diesen Gedanken könnte man noch etwas weiterdenken. Denn je mehr Wellen ein Graph besitzt, desto mehr Nullstellen kann (muss nicht!) er auch haben (Denk mal kurz drüber nach). Und so ergibt sich im Endeffekt, dass der Grad einer Funktion die Anzahl der *maximalen* Nullstellen angibt. Ganz wichtig ist es sich zu merken, dass es nur die maximale Anzahl an Nullstellen ist und somit nicht immer die tatsächliche!

Mit den eben beschriebenen Informationen schaust du dir die Graphen bitte jetzt noch einmal für 2 Minuten an und versuche dabei jedes Unterscheidungsmerkmal zu erkennen. Dafür liste ich dir die Unterscheidungsmerkmale hier übersichtlich auf:

1. Trennung von geradem und ungeradem Grad
2. *ungerader Grad:* verläuft von unten nach oben bzw. von oben nach unten

   gerader Grad: kommt von oben und geht nach oben bzw. kommt von unten und geht nach unten
3. Grad gibt die maximale Anzahl an Nullstellen an → je höher der Grad, desto mehr Extrempunkte sind möglich

Jetzt will ich noch kurz klären, was dafür ausschlaggebend ist, dass zum Beispiel eine Funktion mit ungeradem Grad von unten nach oben verläuft und nicht von oben nach unten. Was ist also am Funktionsterm der beiden Funktionsgraphen für dieses Verhalten verantwortlich?

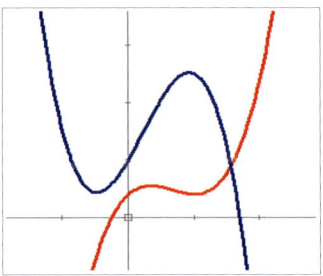

Blauer Graph: $f(x) = -1,5x^3 + x^2 + 2x + 1$
Roter Graph: $g(x) = x^3 - 2x^2 + x + 0,4$

Die richtige Antwort ist: die Zahl vor dem x^3. Wenn diese Zahl negativ ist, wie beim Funktionsterm des blauen Graphen, dann verläuft der Graph dieser Funktion von oben nach unten. Wenn diese Zahl positiv ist, wie beim Funktionsterm des roten Graphen (da steht eine $+1$ davor), dann verläuft der Graph dieser Funktion von unten nach oben. Wichtig hierbei ist, dass man die Zahl beachtet, die mit einem „Mal" an dem x mit dem höchsten Exponenten hängt. Es interessiert also überhaupt nicht, welche Zahl beim x^2 steht oder beim x, sondern nur die Zahl an dem x, das den Grad der Funktion angibt.

Und genauso kann man auch die Graphen mit geradem Exponenten unterscheiden. Je nachdem, ob die Zahl, die an dem x mit dem höchsten Exponenten positiv oder negativ ist, ist der Graph nach oben oder nach unten hin geöffnet.

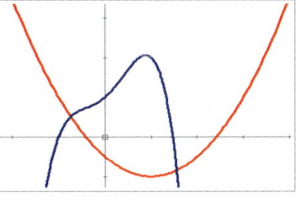

Blauer Graph: $f(x) = -x^4 + x^2 + x + 1$

Roter Graph: $g(x) = 0,5x^2 - x - 0,5$

Das solltest du jetzt erst mal auf Seite 16 im Aufgabenbuch üben ;)
Damit weißt du schon fast alles, was ich dir zum visuellen Vorstellen von ganzrationalen Funktionen erklären wollte. Du kannst dir jetzt auf jeden Fall schon mal die grobe Form einer ganzrationalen Funktion bildlich vorstellen. Allerdings kannst du am Funktionsterm bisher noch nicht ablesen, wo sich diese Funktion im Koordinatensystem befindet. So zu 100% kann man das auch gar nicht. Das einzige, was sich leicht erkennen lässt, ist der

y-Achsenabschnitt.

Der y-Achsenabschnitt ist der Schnittpunkt der Funktion mit der y-Achse. Der y-Achsenabschnitt ist bei einer ganzrationalen Funktion (nicht bei einer gebrochenrationalen, einer Exponential- oder einer trigonometrischen Funk-

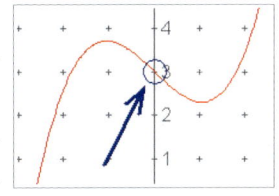

tion) die Zahl ohne x . Das heißt, der y-Achsenabschnitt bei der Funktion $f(x) = 0,5x^3 - x + 3$ ist 3 , weil die 3 alleine steht – ohne x . Der y-Achsenabschnitt der Funktion $f(x) = x^5 - 3x^2$ ist Null, weil keine Zahl alleine steht. Und wenn der y-Achsenabschnitt gleich Null ist, dann geht der Graph dieser Funktion durch den Ursprung – logisch, oder!?

Zusammenfassung (Visuelles vorstellen – Ganzrationale Funktionen)

Man kann anhand des Funktionsterms zwei Dinge ablesen

1. die grobe Form der Funktion
2. den y-Achsenabschnitt.

Der y-Achsenabschnitt wird durch die Zahl ohne x angegeben.

Die grobe Form einer ganzrationalen Funktion wird durch folgende drei Dinge beeinflusst:

1. Ist die Zahl vor dem x mit dem höchsten Exponenten positiv oder negativ?
2. Ist der Grad der Funktion gerade oder ungerade?
3. Grad der Funktion = maximale Anzahl an Nullstellen → je höher der Grad, desto mehr Extrempunkte kann es geben

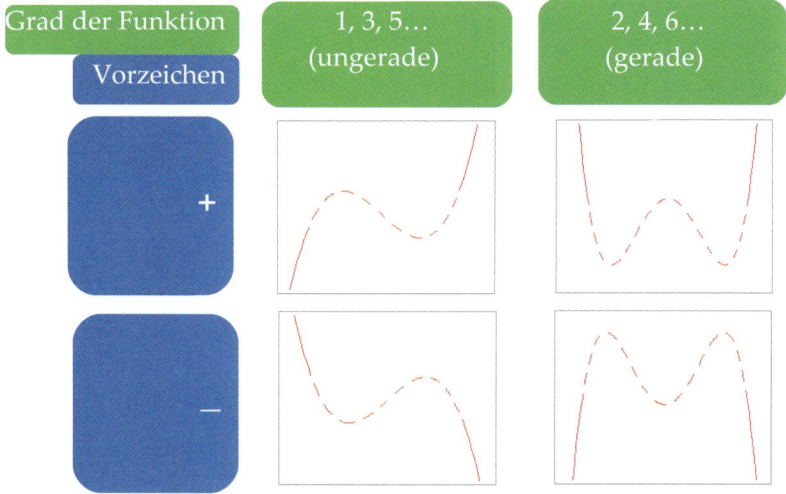

Die gestrichelten Wellen sollen deutlich machen, dass sich die Funktionen in diesem Bereich voneinander unterscheiden können.

Gebrochenrationale Funktionen

Als erstes will ich hier kurz erwähnen, dass ich mit diesem Kapitel nicht alle Formen von gebrochenrationalen Funktionen erklären werde, weil die schwereren nie oder äußerst selten dran kommen. Es würde nur für Verwirrung sorgen diese Formen der Vollständigkeit halber zu erwähnen und das wollen wir ja nicht...

Gebrochenrationale Funktionen sind die Funktionen, bei denen das x im Nenner steht.

Beispiele: $\qquad f(x)=\dfrac{1}{x+1}$

$\qquad\qquad\qquad g(x)=0{,}5x^{-2}+3$ (Zur Erinnerung: $x^{-1}=\frac{1}{x}$ oder $3x^{-2}=\frac{3}{x^2}$)

Genauso wie bei den ganzrationalen Funktionen sind bei den gebrochenrationalen Funktionen das Vorzeichen und der Grad der Funktion von größter Bedeutung. Aber schau dir erst mal die 9 Graphen von gebrochenrationalen Funktionen an. Das Vorzeichen und ob der Grad gerade oder ungerade ist, steht unter dem Bild.

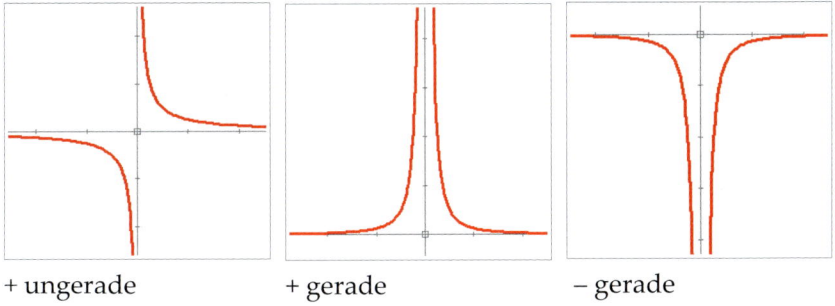

+ ungerade   + gerade   – gerade

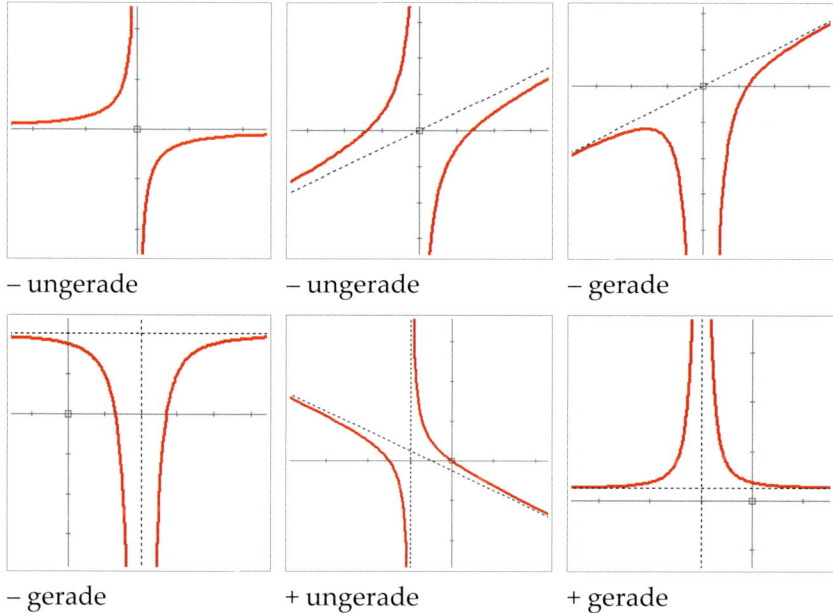

– ungerade   – ungerade   – gerade

– gerade   + ungerade   + gerade

Und, was ist dir bei der Betrachtung der Graphen aufgefallen? Es könnte dir aufgefallen sein, dass der Graph einer gebrochenrationalen Funktion nicht durchgängig ist, sondern eine (manchmal auch mehrere) Lücken aufweist. Diese Lücke entsteht, weil an dieser Stelle durch 0 geteilt werden würde und das geht ja wie wir wissen gar nicht → der Taschenrechner gibt an dieser Stelle ERROR aus. Ja, und weil da halt ERROR raus kommt, kann man auch nirgends einen Punkt einzeichnen und somit entsteht halt diese „Lücke". Mathematisch sagt man, dass die Funktion an dieser Stelle **nicht definiert** ist. Ansonsten nennt man diese Lücken auch **Polstellen**.

Des Weiteren könnten dir auch Ähnlichkeiten zwischen gebrochenrationalen und ganzrationalen Funktionen aufgefallen sein. Und zwar gibt es Ähnlichkeiten darin, wie der Grad der Funktion die Form dessen Graphen bestimmt. Dabei geht es um die Unterschiede von Funktionen mit geradem und ungeradem Grad. So wie bei ganzrationalen Funktionen mit ungeradem Grad der Graph ja von unten nach oben bzw. von oben nach unten verläuft, so ist das in ähnlicher Weise auch hier. Dieselbe Analogie gilt für Funktionen mit einem geraden Grad. Schau dir die Graphen jetzt noch mal genau an und versuch diese Ähnlichkeiten zu sehen!

Letztlich bleiben beim visuellen Vorstellen der gebrochenrationalen Funktionen noch die **Asymptoten** anzusprechen. Was war denn das nochmal!? – Stimmt's? ☺

> Eine **Asymptote** ist eine Gerade (könnte auch eine Kurve sein, ist es aber meistens nicht), die vom Graphen der Funktion nie geschnitten wird. Somit stellt sie eine **Hilfslinie** zum Zeichnen der Funktion dar.

Ich kann dir nur empfehlen, wie im Beispiel hier rechts, die Asymptoten gestrichelt einzuzeichnen. Dadurch wird deine Zeichnung viel übersichtlicher und damit ist es auch einfacher den Graphen so einer gebrochenrationale Funktion zu zeichnen.

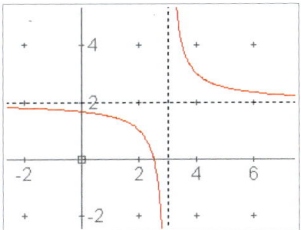

Um das alles zu üben, kannst du die Aufgaben im Aufgabenbuch auf Seite 16 machen.

Zusammenfassung (Visuelles Vorstellen – Gebrochenrationale Funktionen)

Gebrochenrationale Funktionen

1. besitzen (mindestens) eine Lücke
    - Taschenrechner gibt ERROR aus
    - sind an dieser Stelle nicht definiert
    - diese Lücke bezeichnet man als Polstelle
2. weisen anhand Ihres Verhaltens zum Grad der Funktion Ähnlichkeiten zu ganzrationalen Funktionen auf
3. besitzen Asymptoten

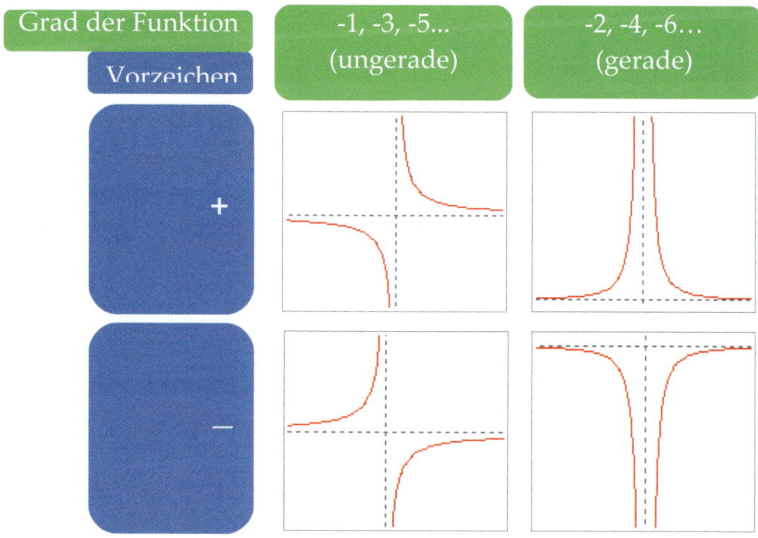

Exponentialfunktionen

Zur Erinnerung: eine Exponentialfunktion ist eine Funktion, bei der das x im Exponenten – also oben – steht. Wie könnten die Graphen dieser Funktionen aussehen?

Beispiele: $f(x) = e^x$

$g(x) = e^{-x} + 2$

Einschränkung: Wie auch bei den gebrochenrationalen Funktionen will ich hier eine Einschränkung vornehmen, um somit unnötige Verwirrungen zu vermeiden. Somit gehe ich hier bei der Betrachtung der Graphen von Exponentialfunktionen davon aus, dass die Zahl e die Basis darstellt. Ich weise darauf hin, dass die Graphen von Exponentialfunktionen anders aussehen, wenn die Basis eine Zahl zwischen -1 und 1 wäre.

Bei Exponentialfunktionen muss man auf zwei Eigenschaften achten:

1. Vorzeichen der Basis
2. Vorzeichen des x

Sieh dir bitte erst mal die folgenden 9 Exponentialfunktionen und deren Funktionsgleichungen genau an. Versuche dabei anhand der oben genannten Vorzeichen grundlegende Unterschiede zu finden.

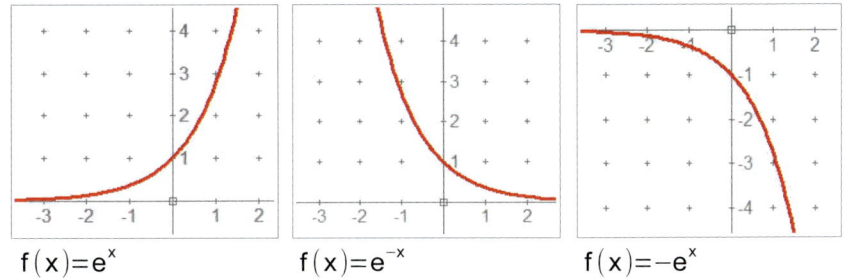

$f(x) = e^x$ $\qquad$ $f(x) = e^{-x}$ $\qquad$ $f(x) = -e^x$

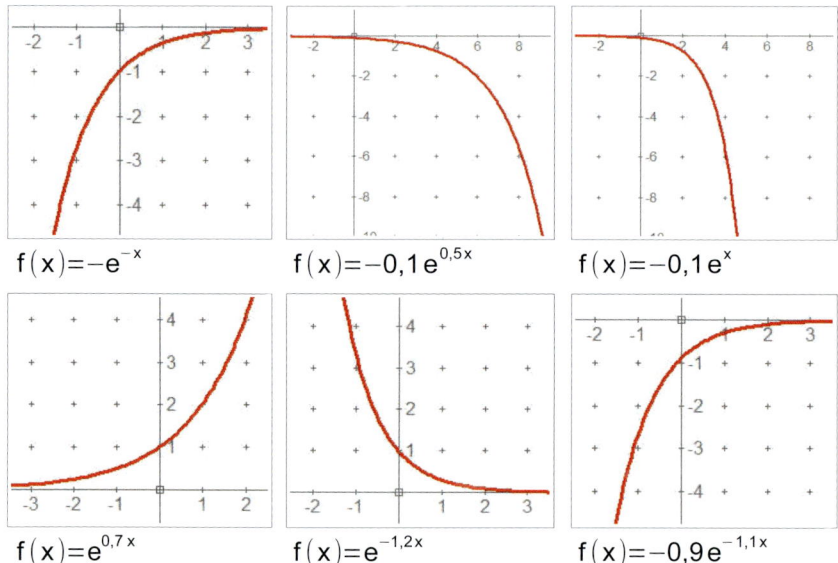

$f(x)=-e^{-x}$ $f(x)=-0,1\,e^{0,5x}$ $f(x)=-0,1\,e^{x}$

$f(x)=e^{0,7x}$ $f(x)=e^{-1,2x}$ $f(x)=-0,9\,e^{-1,1x}$

Okay, ich hoffe die Schaubilder haben deutlich gemacht, dass es mithilfe der Vorzeichen (an der Basis bzw. am x) möglich ist, den Graphen an der x- bzw. y-Achse zu spiegeln. Schau dir dafür die ersten vier Schaubilder noch mal genau an. Vom ersten zum zweiten Schaubild ($f(x)=e^{x} \rightarrow f(x)=e^{-x}$) wird der Graph an der y-Achse gespiegelt. Das heißt, dass das Vorzeichen vor dem x für eine Spiegelung an der y-Achse verantwortlich ist.

Schauen wir uns jetzt mal den Übergang vom ersten zum dritten Schaubild ($f(x)=e^{x} \rightarrow f(x)=-e^{x}$) an. Hier erkennen wir eine Spiegelung an der x-Achse. Das heißt, dass das Vorzeichen vor der Basis für eine Spiegelung an der x-Achse verantwortlich ist.

Alle anderen Schaubilder bestätigen diese beiden Tatsachen und zeigen was mit dem Graphen passiert, wenn weitere Faktoren hinzukommen. So fällt auf, dass hohe Zahlen (>1) den Graphen enger machen bzw. strecken, während kleine Zahlen (zwischen 0 und 1) den Graphen auseinander ziehen bzw. stauchen.

Zu guter Letzt, kann man manchmal noch den y-Achsenabschnitt aus dem Funktionsterm schnell ablesen. Die einfachste Form einer Exponentialfunktion, also einfach nur $f(x)=a^x$ wobei $a \in \mathbb{R}$, hat den y-Achsenabschnitt immer bei 1 . Sobald der Term der Exponentialfunktion anders aussieht, ändert sich höchstwahrscheinlich auch der y-Achsenabschnitt. Dabei könnte vorkommen, dass ein Faktor davor steht, z.B. $f(x)=3e^x$. In solchen Fällen, gibt eben dieser Faktor den y-Achsenabschnitt an. In diesem Beispiel wäre der y-Achsenabschnitt also bei 3 . Bei einer weiteren anderen Form des Funktionsterms einer Exponentialfunktion lässt sich der y-Achsenabschnitt leicht ablesen, und zwar, wenn einfach eine Zahl zum Term addiert wird, z.B. $f(x)=0{,}5e^x+2$ oder $g(x)=e^x-1$. Diese Zahl rechnet man dann einfach zum bisherigen dazu. Das bedeutet für das erste Beispiel hier, dass der y-Achsenabschnitt ohne die + 2 ja bei 0,5 sein würde. Weil da aber noch die + 2 steht, befindet sich der y-Achsenabschnitt bei $0{,}5+2=2{,}5$. Beim zweiten Beispiel wäre der y-Achsenabschnitt ohne die −1 bei 1 . Da wir aber auf die 1 die −1 drauf rechnen müssen, befindet sich der y-Achsenabschnitt bei $1-1=0$.
Die bisher beschriebenen Regeln gelten auch, wenn am x ein Faktor hängt, z.B. $f(x)=2e^{2x}$ oder $g(x)=-3e^{\frac{1}{2}x}-1$. Der y-Achsenabschnitt von f liegt bei 2 und von g bei −4 . Sobald jedoch etwas vom x subtrahiert oder zum x hinzuaddiert wird, lässt sich der y-Achsenabschnitt nicht mehr einfach so ablesen. Das ist beispielsweise bei folgenden Funktionen der Fall: $f(x)=2e^{x-1}$, $g(x)=-e^{x-4}+0{,}7$, $h(x)=e^{x+3}+1$

Und das war's. Mehr musst du hier nicht wissen. Aufgaben: S. 17 ;)

Zusammenfassung (Visuelles Vorstellen – Exponentialfunktionen)

Die Form des Graphen einer Exponentialfunktion wird von drei Eigenschaft beeinflusst:

1. Vom Vorzeichen am x → Spiegelung an y-Achse
2. Vom Vorzeichen an der Basis → Spiegelung an x-Achse
3. Von den Faktoren an Basis bzw. x
- Streckung (Faktor > 1)
- Stauchung (-1 < Faktor < 1)

Der y-Achsenabschnitt lässt sich <u>nicht</u> ablesen, wenn vom x etwas subtrahiert bzw. zum x addiert wird, z.B. $f(x)=2e^{x-1}$. Liegt eine Funktion hingegen in der Form $f(x)=a\cdot e^{b\cdot x}+c$ vor, so kann der y-Achsenabschnitt mit $a+c$ berechnet werden.

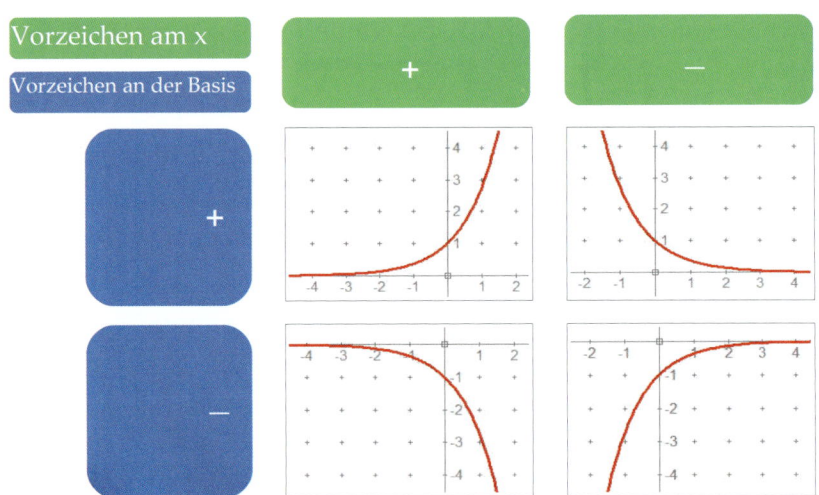

Trigonometrische Funktionen

Trigonometrische Funktionen (grob)

Bei den trigonometrischen Funktionen (Sinus, Kosinus und Tangens) betrachten wir nur den Sinus und den Kosinus.

Also der Sinus sieht so aus

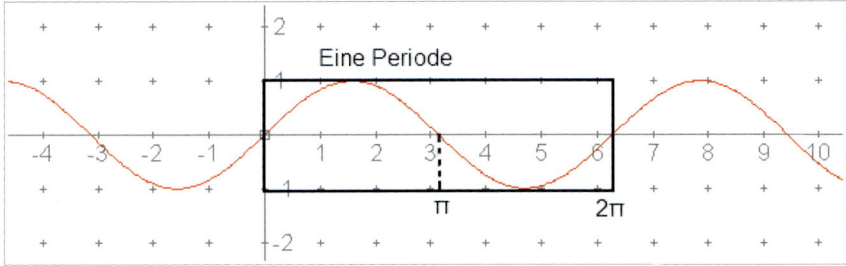

und der Kosinus so.

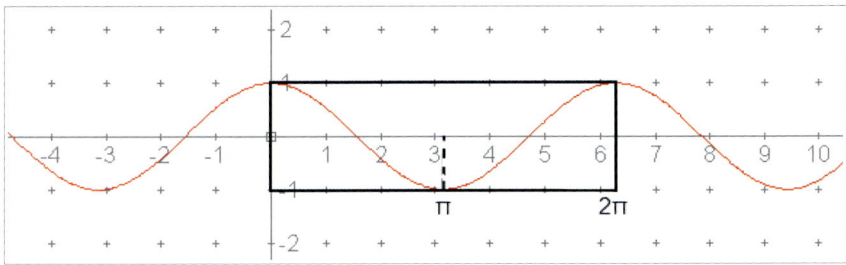

Sinus und Kosinus sind eigentlich dieselbe Funktion. Der einzige Unterschied ist nur, dass sie zueinander nach links bzw. rechts verschoben sind. Würde man z.B den Kosinus um $\frac{\pi}{2}$ nach rechts verschieben, würde er genau auf dem Sinus liegen.

Naja, wie auch immer. Was du wirklich wissen solltest, ist, dass der Kosinus bei 1 auf der y-Achse anfängt und der Sinus bei 0 . Ansonsten schwingen beide unendlich lange zwischen −1 und 1 auf der y-Achse hin und her, wobei eine Periode[1] im Normalfall 2π lang ist.

Zusammenfassung (trigonometrische Funktionen – grob)

- Kosinus beginnt bei 1 und geht nach unten
- Sinus beginnt bei 0 und geht nach oben
- Eine Periode ist (im Normalfall) 2π lang

Trigonometrische Funktionen (detailliert)

So, jetzt nehmen wir Sinus und Kosinus mal so weit wie möglich auseinander.

Die Lage im Koordinatensystem und die Werte vom Sinus bzw. Kosinus könnten von vier Variablen abhängig sein: $f(x) = a \cdot \sin(b(x-c)) + d$

a. Amplitude

$f(x) = 3\sin(x)$ $\qquad\qquad$ $g(x) = 0,5\cos(x)$

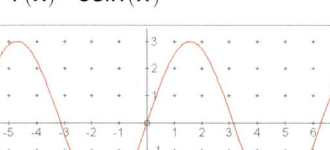 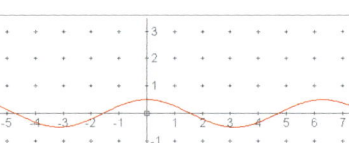

---

1   Eine Periode ist etwas, das immer und immer wieder kehrt (Frauen wissen das vielleicht etwas besser als Männer ☺)

Die Amplitude hängt mit „mal" mit dem Sinus bzw. Kosinus zusammen und gibt an, wie weit der Sinus bzw. Kosinus in **vertikale** (hoch – runter) Richtung **gestreckt oder gestaucht** ist.

Beachte dabei, dass die gesamte Höhe die doppelte Amplitude ist, weil diese nur von der Mitte aus gemessen wird. Wenn also 0,5 vor dem Kosinus steht, dann pendelt er zwischen $-0,5$ und $+0,5$ hin und her und ist somit insgesamt 1 Längeneinheit hoch. Genauso wenn die 3 davor steht, pendelt er zwischen -3 und $+3$ hin und her und ist somit insgesamt 6 Längeneinheiten hoch.

b. Frequenz (daraus ergibt sich die Periodenlänge)

Beispiel: $\qquad$ $\sin(2x)$ $\qquad$ $\sin(x)$ $\qquad$ $\sin(0,5x)$

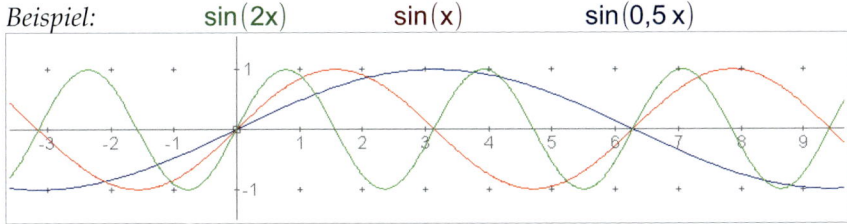

Die Frequenz gibt indirekt an, wie oft der Sinus bzw. Kosinus in einem Abschnitt hoch und runter geht. „Indirekt" deswegen, weil man damit nur berechnen kann, wie oft die Funktion hoch und runter geht, aber nicht direkt von b angegeben wird. Wenn also b=2 , dann heißt das nicht, dass die Funktion 2 mal hoch und runter geht, sondern nur, dass sie z.B. doppelt so oft hoch und runter geht, als wenn b=1 wäre. Sie gibt also die **Streckung und Stauchung in horizontale** (links – rechts) Richtung an. b hängt mit „mal" mit dem x zusammen. Wenn nichts beim x steht, dann ist b=1 und eine Periode beträgt 2π .

Um auszurechnen, wie lang eine Periode in Abhängigkeit von b ist, könntest du folgende Formel benutzen: $p=\dfrac{2\pi}{b}$

Aber was ist denn eigentlich eine Periode?

Eine Periode ist allgemein etwas, das immer und immer wieder wiederkehrt. Wir wissen ja, dass der Sinus bzw. Kosinus unendlich lang immer dieselbe Wellenbewegung machen. Eine Periode in diesem Zusammenhang ist der **kleinstmögliche Abschnitt, der sich ständig wiederholt.**

c. Verschiebung in x-Richtung

Das c gibt die Verschiebung in x-Richtung an. Beachte hierbei, dass in der allgemeinen Vorschrift „ $x-c$ " steht. Das heißt, dass wenn wir für c eine $+3$ einsetzen, dann steht in der Vorschrift $x-(+3)$, also $x-3$. Oder wenn wir eine -1 einsetzen, dann steht in der Vorschrift $x-(-1)$, also $x+1$. Es wird um den Wert verschoben, welchen c hat.

Beispiel:

$f(x)=\cos(x-1)$ in diesem Fall wird um 1 nach rechts verschoben, weil $c=+1$.

$f(x)=\cos(x-(+1))$

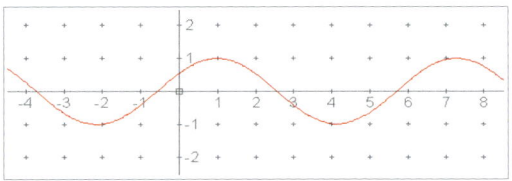

d. Verschiebung in y-Richtung

Und zu guter Letzt gibt es noch die Verschiebung in y-Richtung. Dieses mal steht das d in der allgemeinen Funktionsschrift als $+d$ und nicht so wie das c als $-c$ da. Das heißt, dass wenn hinten $+2$ steht, dann wird auch um zwei Einheiten nach oben verschoben.

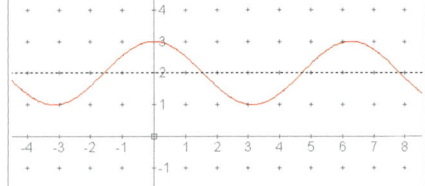

In dem Beispiel habe ich die gestrichelte Linie mit eingezeichnet. Das würde ich dir auch immer empfehlen, weil sonst schnell Fehler passieren. Oft fängt man aufgrund der $+2$ bei 2 auf der y-Achse an zu zeichnen. Das wäre aber falsch, weil der Kosinus normalerweise bei 1 beginnt. Wenn er jetzt um 2 nach oben verschoben ist, muss er also bei $1+2=3$ beginnen. Um so Fehler zu vermeiden, ist es eben ganz praktisch sich zuerst so eine gestrichelte Linie einzuzeichnen und da dann die Funktion drum herum. :)

Naja, wenn du das bisher noch nicht wusstest, dann war das jetzt bestimmt bisschen viel für dich. Wie immer gilt: Übung macht den Meister. Aufgaben findest du auf Seite 17.

Wurzelfunktion

Da sie doch recht oft vorkommt, will ich hier kurz paar Worte zur Wurzelfunktion $f(x)=\sqrt{x}$ verlieren.

Die Wurzelfunktion ist die Umkehrfunktion der Normalparabel. Eine Umkehrfunktion ist eine Funktion, bei der das x und das y getauscht wurden. So haben wir zum Beispiel die Normalparabel mit $y=x^2$. Jetzt vertauschen wir das x und das y und erhalten $x=y^2$. Wenn man jetzt nach y wieder 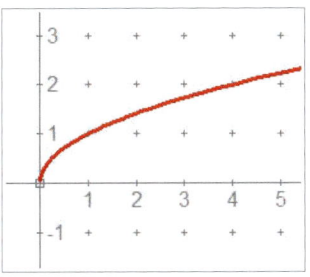 auflöst, erhält man $y=\sqrt{x}$. Und damit wurde gezeigt, dass die Wurzelfunktion also die Umkehrfunktion der Normalparabel ist.

Die Graphen von Umkehrfunktionen haben besonderen Eigenschaften zueinander. Diese Funktionen sind nämlich an der ersten Winkelhalbierenden zueinander gespiegelt. Siehst du das? Du könntest dir auch vorstellen, dass die Parabel um 90° nach rechts gedreht wurde.

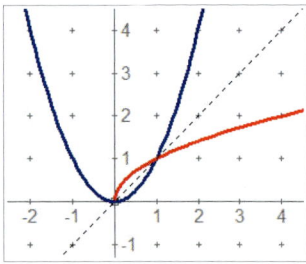

Ansonsten bleibt noch zu erwähnen, dass es bei der Wurzelfunktion keinen Graphen für negative x-Werte gibt, weil das Ziehen der Wurzel aus negativen Zahlen nicht möglich ist → der Taschenrechner gibt ERROR aus. Üben kannst du es auf Seite 18.

Logarithmische Funktionen

Genauso wie die Wurzelfunktion die Umkehrfunktion der Normalparabel ist, sind logarithmische Funktionen die Umkehrfunktionen von Exponentialfunktionen. Die Umkehrfunktion von $f(x)=e^x$ ist also $g(x)=\ln(x)$. Ich werde mich hier wieder auf Funktionen mit der Zahl e als Basis beschränken.

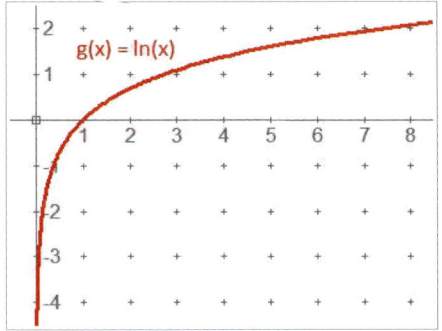 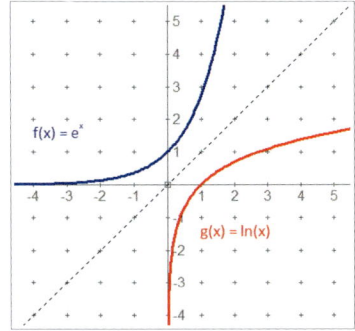

So wie die der Graph der Exponentialfunktion nie die x-Achse schneidet oder berührt, so schneidet oder berührt der Graph der Logarithmusfunktion nie die y-Achse. So kann man sich auch ganz einfach merken, dass der Logarithmus einer negativen Zahl, z.B. $\ln(-2)$, oder der Null nicht definiert ist und der Taschenrechner deswegen ERROR ausgibt.

Hier gibt es keine extra Übungen zu. Es reicht aus, wenn du dir einfach merkst, wie der Graph der Funktion aussieht und dir dabei als Eselsbrücke merkst, dass es eben die Umkehrfunktion von e^x ist.

Mathe

So, wenn du bis hier alles verstanden und geübt hast, hast du wirklich ein gutes Fundament – darauf können wir jetzt wirklich gut bauen. Wenn dir noch etwas unklar ist, dann lies es jetzt durch und mach schnell drei Aufgaben dazu. Wenn du im Fundament schon einen Fehler hast, dann kannst du da auch nichts gescheites drauf stellen ☺.

Weil es später noch einmal wichtig wird – im Zusammenhang mit Tangenten zum Beispiel – erkläre ich hier noch mal schnell wie lineare Funktionen aufgebaut sind.

Lineare Funktionen

Eine lineare Funktion ist eine Gerade im Koordinatensystem (außer diese Gerade ist senkrecht, weil eine Funktion ja nie senkrecht sein darf). Naja, so eine Gerade wird durch zwei Eigenschaften eindeutig bestimmt:

1. von ihrer Steigung und
2. von ihrem y-Achsenabschnitt.

Diese zwei Eigenschaften reichen nämlich aus, um eine Gerade im Koordinatensystem eindeutig bestimmen zu können. Der allgemeine Funktionsterm einer linearen Gleichung sieht so aus: $f(x)=mx+b$, wobei m die Steigung und b den y-Achsenabschnitt angeben. Wenn die Steigung positiv ist, dann verläuft die Gerade von unten nach oben und wenn sie negativ ist, dann von oben nach unten. Die Steigung ist meistens als Bruch angegeben, weil sie sich so am einfachsten einzeichnen lässt. Dabei gibt der Zähler an, wie viele Kästchen (oder Zentimeter usw.) nach oben (wenn das Vorzeichen positiv ist) bzw. nach unten (wenn das Vorzeichen negativ ist) man gehen soll. Der Nenner gibt an, wie viele Kästchen (oder Zentimeter usw.) man nach rechts gehen muss.

Am besten wiederholt man so ein Steigungsdreieck zwei oder drei mal, sodass man mehrere Punkte hat – dann wird die Zeichnung genauer.

So, und jetzt darfst du ein paar zeichnen. Mach doch mal die Aufgaben auf Seite 19.

Ableitungen

Was ist denn eigentlich eine Ableitung? Was sagt sie denn aus und wozu braucht man sie?

Die Ableitung einer Funktion gibt die **Steigung** der Funktion an. Mit der Ableitung könnte man die Steigung in jedem Punkt der Ausgangsfunktion bestimmen. Jetzt könntest du dich fragen, wie man denn bitte die Steigung bestimmen kann, wenn die meisten Funktionen aus Kurven bestehen und eine Steigung ja irgendwie gerade sein muss…?!

Es ist so, dass nicht die Steigung einer Kurve bestimmt wird, sondern die Steigung in einem bestimmten Punkt. Man könnte sich nämlich vorstellen, dass man eine Gerade an die Funktion anlehnt, die genau durch diesen Punkt verläuft. Wenn man nun die Steigung dieser Geraden weiß, dann weiß man auch die Steigung in diesem Punkt. So eine 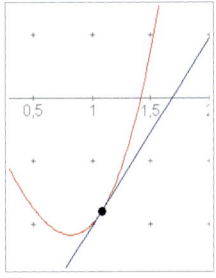 Gerade, nennt sich dann übrigens **Tangente**. Das Wort Tangente kommt von dem lateinischen Wort „tangere" und bedeutet „berühren". So könnte man sich merken, dass die Tangente einen Graphen nur berührt. Machen wir mal ein

Beispiel:

Wir wollen die Steigung der Funktion $f(x)=\frac{1}{3}x^2$ an der Stelle $x=2$ wissen.

Dafür müssen wir die 2 einfach in die Ableitung $f'(x)$ einsetzen und berechnen. Die Ableitung lautet in diesem Fall $f'(x)=\frac{2}{3}x$.

Wenn wir nun die 2 für x einsetzen, erhalten wir $f'(2)=\frac{4}{3}$. Das heißt, dass die Steigung an der Stelle $x=2$ der Funktion $f(x)=\frac{1}{3}x^2$ genau $\frac{4}{3}$ beträgt.

Doch wie wird die Ableitung eigentlich bestimmt?

Bei ganzrationalen Funktionen ist das ganz einfach. Man muss einfach den Exponenten mit „mal" nach vorne holen und der neue Exponent ist der alte Exponent minus 1. Eine einfache Zahl, also eine Zahl die alleine ohne x da steht, fällt einfach weg.

Allgemein schreibt man:

$f(x)=x^n$

$f'(x)=nx^{n-1}$

Mach dazu mal ein paar Aufgaben. Das hat man schnell drin und wahrscheinlich kannst du das auch schon ziemlich gut. Aufgaben findest du auf Seite 19.

Bei gebrochenrationalen Funktionen, also wenn das x im Nenner steht, sollte man sich das erst mal umschreiben auf x^{-1} usw., sodass man einen Exponenten dastehen hat und das x nicht mehr im Nenner steht. Ansonsten funktioniert es genau so, wie bei den ganzrationalen Funktionen. Aufgaben gibt es auf Seite 20.

Mit der oben genannten Regel kann man natürlich nicht jede Funktion ableiten. Trigonometrische Funktionen, Exponentialfunktionen oder vermischte Funktionen muss man anders ableiten!

Kettenregel

Die Kettenregel wird vor allem bei

- trigonometrischen Funktionen,
- Wurzelfunktionen und bei
- Exponentialfunktionen

angewandt. Bei der Kettenregel gibt es immer eine **innere** und eine **äußere** Funktion. Diese nennen wir mal v und u.

Die äußere Funktion u ist die Funktion selber, zum Beispiel: $\sin(x)$ oder e^x oder $\sqrt{x}$. Die innere Funktion steht da, wo jetzt das x steht. Somit sieht eine verkettete Funktion zum Beispiel so aus: $f(x)=e^{2x}$. In diesem Fall ist die äußere Funktion die e-Funktion und die innere Funktion die $2x$, weil sie ja an der Stelle steht, wo normalerweise nur ein x stehen würde.

Allgemein ist das also so, dass in der e-Funktion eine weitere Funktion steckt – in diesem Fall also die $2x$. Ganz allgemein könnte man also sagen, dass eine verkettete Funktion so aussieht: $f(x)=u(v(x))$ – sprich „f von x gleich u von v von x".

Die Funktion f besteht aus einer Funktion u, die wiederum von der Funktion v abhängig ist. Da wo normalerweise das x steht, steht jetzt die innere Funktion.

Um das jetzt ableiten zu können, müssen wir erst einmal die beiden Funktionen (innere und äußere) einzeln ableiten:

$$u(v)=e^v \qquad\qquad v(x)=2x$$
$$u'(v)=e^v \qquad\qquad v'(x)=2$$

Das v in der äußeren Funktion steht für die innere Funktion.

Und nun nehmen wir die innere Ableitung „mal" die äußere Ableitung.

$f'(x)=v'(x) \cdot u'(v)$

$f'(x)=2 \cdot e^{2x}$

Ja, im Prinzip ist es viel einfacher, als es sich erklären lässt. Salopp gesagt, muss man nur das 2x ableiten und davor schreiben – fertig. Da dieses Beispiel jetzt eine e-Funktion war, sieht man leider nicht so gut, wie das mit der äußeren Ableitung läuft, deswegen noch ein kurzes *Beispiel* mit einer Sinusfunktion:

$f(x)=\sin(3x)$

$u(v)=\sin(v)$ $v(x)=3x$

$u'(v)=\cos(v)$ $v'(x)=3$

$f'(x)=v'(x) \cdot u'(v)$

$f'(x)=3 \cdot \cos(3x)$

So, jetzt ist auch das mit der äußeren Ableitung gut zu erkennen. Wichtig ist, dass das 3x in den Klammern stehen bleibt, genauso wie das 2x bei der e-Funktion im Exponenten stehen geblieben ist.

Und jetzt wär's nicht schlecht das mal kurz zu üben. Auf Seite 21 findest du paar Aufgaben ;)

Zusammenfassung (Kettenregel)

Ist eine Funktion verkettet – das heißt, sie besteht aus einer äußeren und einer inneren Funktion – so könnte man sie mithilfe der Kettenregel ableiten.

Dafür leitet man erst die äußere Funktion $u(v)$ und die innere Funktion $v(x)$ einzeln ab und setzt sie danach mit „mal" wieder zusammen.

$f(x)=u(v(x))$

$f'(x)=v'(x) \cdot u'(v)$

Produktregel

Die nächste Ableitungsregel ist die Produktregel. Sie wird angewandt, wenn die Funktion aus einem Produkt besteht, welches nicht zusammengefasst werden kann. Ein Beispiel dafür ist: $f(x)=2x\cdot\sin(x)$. Diese Funktion besteht aus einem Produkt und man kann sie nicht weiter zusammenfassen. Wichtig ist hierbei, dass das x in beiden Teilen (man nennt sie mathematische „Faktoren") des Produkts vorkommt. Wenn die Funktion $g(x)=2\cdot\sin(x)$ lauten würde, dann bräuchte man keine Produktregel, sondern könnte sie einfach so ableiten: $g'(x)=2\cos(x)$. Genauso wenig bräuchte man für die Funktion $h(x)=2x^3\cdot x^2$ die Produktregel. Hier kann man die beiden Faktoren zusammenfassen $h(x)=2x^5$ und dann wie gewohnt ableiten $h'(x)=10x^4$.

Also nochmal: Wir haben eine aus einem Produkt bestehende Funktion, die nicht weiter zusammengefasst werden kann und in jedem Faktor befindet sich mindestens ein x. Dann gehen wir folgendermaßen vor.

Erst nennen wir den ersten Faktor $u(x)$ und den zweiten Faktor $v(x)$:

$u(x)=2x$; $v(x)=\sin(x)$ $\left[\text{Beispiel von oben: } f(x)=2x\cdot\sin(x)\right]$

Dann leiten wir die beiden Funktionen ab:

$u'(x)=2$; $v'(x)=\cos(x)$

Und jetzt setzen wir sie nach folgendem Schema zusammen und sind fertig mit der Ableitung: $u'v+uv'$

$f'(x)=2\cdot\sin(x)+2x\cdot\cos(x)$

Und das war alles. Ist doch gar nicht schwer, oder? Man muss das nur ein bisschen üben: Seite 21 ;)

Zusammenfassung (Produktregel)

Die Produktregel muss angewandt werden, wenn die Funktion

1. aus einem Produkt besteht,

2. dieses nicht zusammengefasst werden kann und

3. in beiden Faktoren ein x vorkommt.

Die Produktregel wird angewandt, indem die beiden Faktoren $u(x)$ und $v(x)$ ableitet werden und dann folgendermaßen wieder zusammengesetzt: $u'v+uv'$

$$f(x)=u(x)\cdot v(x)$$
$$f'(x)=u'(x)\cdot v(x)+u(x)\cdot v'(x)$$

Quotientenregel

Wenn du jetzt schon die Produktregel verstanden hast, dann wird auch die Quotientenregel kein Problem sein. Sie funktioniert ganz genauso wie die Produktregel – nur die Zusammensetzung ist bisschen anders.

Also, wir haben eine Funktion,

1. die aus einem Quotienten besteht,

2. dieser Quotient nicht zusammengefasst werden kann und

3. in beiden Teilen (Dividend und Divisor)[1] ein x vorkommt.

Dann nennen wir die obere Funktion $u(x)$ und die untere Funktion $v(x)$ und leiten beide ab. Danach setzen wir sie folgendermaßen zusammen: $\frac{u'v-uv'}{v^2}$

$$f(x)=\frac{u(x)}{v(x)}$$
$$f'(x)=\frac{u'(x)\cdot v(x)-u(x)\cdot v'(x)}{v(x)^2}$$

1    $\frac{\text{Dividend}}{\text{Divisor}}=\text{Quotient}$

Machen wir noch schnell ein *Beispiel*:

$$f(x) = \frac{2x}{\sin(x)}$$

$$u(x) = 2x \qquad\qquad v(x) = \sin(x)$$

$$u'(x) = 2 \qquad\qquad v'(x) = \cos(x)$$

$$f'(x) = \frac{2 \cdot \sin(x) - 2x \cdot \cos(x)}{\sin^2(x)}$$

Da die Quotientenregel der Produktregel so stark ähnelt und ich sie eh schon so knapp erklärt habe, verzichte ich auf eine Zusammenfassung. Aber auf Seite 21 findest du ein paar Übungen ;)

***   ***   ***

Im Folgenden bringe ich dir alles bei, um einen Graphen bzw. eine Funktion so genau wie möglich untersuchen zu können, ohne dabei genau zu wissen, wie sie aussieht. Das Ziel ist es, so viele Informationen über eine Funktion herauszufinden wie möglich. In mathematischer Sprache sagt man dazu auch **Kurvendiskussion**.

Definitionsbereich

Der Definitionsbereich gibt den Bereich an, in dem die Funktion definiert ist. Logisch, oder? Aber was soll das bitte bedeuten?
Beim Definitionsbereich betrachtet man die x -Werte.

> Alle x -Werte, die in die Funktion eingesetzt werden können, gehören zum Definitionsbereich.

Beispiel: $f(x) = \sqrt{x}$

Bei dieser Funktion f darf man keine negativen Zahlen einsetzen, weil der Taschenrechner sonst ein ERROR anzeigt. Und immer, wenn das passiert, dann ist die Funktion nicht definiert. In diesem Falle betrifft das eben alle negativen Zahlen und deswegen gehören sie nicht zum Definitionsbereich. Der Definitionsbereich der Funktion f beinhaltet also alle positiven Zahlen und die Null. Wenn sowas in einer Klausur gefragt wird, kann man das auch ruhig einfach in Worten hinschreiben: „Der Definitionsbereich beinhaltet alle positiven Zahlen, einschließlich der Null." Man könnte das aber natürlich auch mathematisch aufschreiben: $D = \mathbb{R}_0^+$

Diese Zeichen liest man so: „Der Definitionsbereich entspricht allen positiven reellen Zahlen[1], einschließlich der Null."

Normalerweise wird nicht gefragt: „Welche Zahlen kann ich für x einsetzen?", sondern eher: „Welche Zahlen kann ich für x <u>nicht</u> einsetzen?". Diese Zahlen gehören dann eben nicht zum Definitionsbereich. Dazu noch ein

Beispiel: $\quad f(x) = \dfrac{1}{x}$

Na, was dürfte hier für x nicht eingesetzt werden, weil der Taschenrechner sonst ERROR ausgibt? – Richtig, die Null! Das heißt also, dass wir alle Zahlen einsetzen könnten, außer die Null. Mathematisch geschrieben sieht das so aus: $D = \mathbb{R} \setminus \{0\}$

Sieht jetzt wieder etwas kompliziert aus, daran muss man sich halt gewöhnen und dafür habe ich auch paar Aufgaben im Aufgabenbuch auf Seite 22 für dich. Wäre schon gut, wenn man dieses mathematische Gekritzel versteht. Man liest es: „Der Definitionsbereich entspricht allen reellen Zahlen außer der Null.". Dieser schräge Strich da „ \ " heißt Backslash und bedeutet „außer". Zahlen die nicht dazugehören, werden dann halt in so geschweifte Klammern „{ }" geschrieben

---

1 Wenn du Probleme mit den „verschiedenen Zahlenarten" hast, also „reelle Zahlen, rationale Zahlen, ...", dann solltest du dir hinten im Buch kurz das Kapitel „Mengenlehre" durchlesen :)

Zusammenfassung (Definitionsbereich)

- Welche Werte können für x eingesetzt werden.
- Wir fragen uns aber, welche Werte für x *nicht* eingesetzt werden dürfen, weil der Taschenrechner sonst ein ERROR ausgibt.
- Bei der Frage nach dem Definitionsbereich sollte man bei folgenden Funktionen aufmerksam sein:
    - x steht im Nenner (man kann nicht durch Null teilen)
    - x steht unter einer Wurzel (Wurzel aus negativen Zahlen geht nicht)
    - x steht im Logarithmus (Logarithmus aus negativen Werten und der 0 geht auch nicht)

Bei den anderen Funktionen, also den ganzrat. Funktionen, den Exponentialfunktionen und den trigonometrischen Funktionen, kann man alle Werte für x einsetzen, also ist der Definitionsbereich immer $D=\mathbb{R}$.

Am Graphen erkennt man Werte, die nicht zum Definitionsbereich gehören daran, dass für diese Werte kein Graph vorhanden ist.

$$f(x)=\sqrt{x}$$

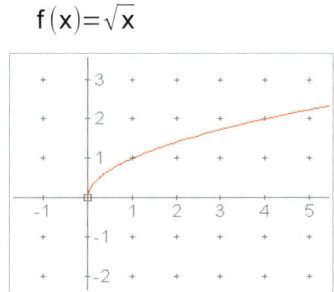

$$g(x)=\frac{1}{x-2}$$

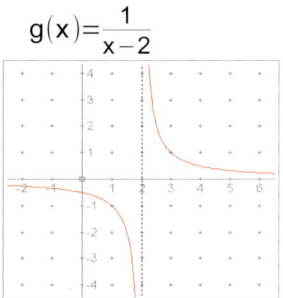

Man sieht, dass bei negativen x-Werten kein Graph vorhanden ist.

Man sieht, dass bei $x=2$ kein Graph vorhanden ist.

65

Wertebereich

Der Wertebereich wird nicht in allen Schulen unter-
richtet, aber in manchen halt schon. Ist auch nichts
Kompliziertes. Eben ging es bei dem Definitionsbereich um die x-Werte und jetzt geht es eben um die
y-Werte. Man stellt sich also die Frage, welche y-
Werte die Funktion denn liefern kann. Erstes einfaches Beispiel ist eine Parabel.

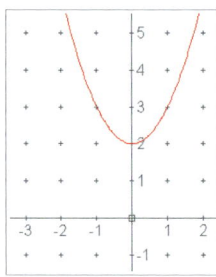

Sie kann in diesem Fall alle positiven reellen Zahlen größer gleich zwei
annehmen – mathematisch schreibt man: $W=\{y\in\mathbb{R} \mid y\geq 2\}$.
Somit ist bei folgenden Funktionen besondere Aufmerksamkeit gebo-
ten, wenn es um den Wertebereich geht:
- Ganzrationale Funktionen mit geradem Grad
- Gebrochenrationale Funktionen mit geradem Grad
- Exponentialfunktionen
- trigonometrische Funktionen

Also eigentlich bei allen außer den ganzrationalen und gebrochenrationalen Funktionen mit ungeradem Grad :D
Da der Wertebereich meistens eh nicht so wichtig ist und hier schon alles knapp beschrieben steht, verzichte ich auf eine Zusammenfassung.
Aufgaben dazu findest du auf Seite 22.

Symmetrie

Es gibt genau zwei Arten von Symmetrie: Punktsymmetrie und Achsensymmetrie. Wenn man von Symmetrie im Zusammenhang mit
Funktionen/Graphen spricht, dann meint man immer die **Punktsymmetrie zum Ursprung** und die **Achsensymmetrie zur y-Achse!** Das

heißt, eine Parabel zum Beispiel ist immer achsensymmetrisch, aber wenn sie halt nicht genau an der y-Achse liegt, wird die Achsensymmetrie verneint. Als Faustregel kann man sich merken:

> Wenn nur ungerade Exponenten vorhanden sind, dann ist die Funktion punktsymmetrisch (zum Ursprung) und wenn nur gerade Exponenten vorhanden sind, dann ist die Funktion achsensymmetrisch (zur y-Achse). Wenn sowohl gerade als auch ungerade Exponenten vorhanden sind, besteht keine Symmetrie.

Dabei solltest du allerdings folgendes beachten: Wenn eine einfache Zahl dabei steht, also eine Zahl, bei der kein x dabei steht, dann gilt diese als „gerader Exponent".

Problem bei der Faustregel ist, dass sie nur die ganzrationale und gebrochenrationale Funktionen abdeckt. Außerdem ist diese Faustregel „nicht mathematisch" und wenn in einer Klausur eine Aufgabe lautet „Zeigen Sie, dass die Funktion … punktsymmetrisch zum Ursprung ist.", dann reicht es nicht aus, wenn man die Faustregel hinschreibt. Mathematisch gilt folgendes:

> Eine Funktion ist punktsymmetrisch zum Ursprung, wenn $f(x) = -f(-x)$ gilt.
>
> Eine Funktion ist achsensymmetrisch zur y-Achse, wenn $f(x) = f(-x)$ gilt.

Beispiel: (Achsensymmetrie)
Zeigen Sie, dass die Funktion $f(x) = 3x^2 - 7$ achsensymmetrisch zur y-Achse ist.

$$f(x)=3x^2-7 \qquad | \, f(x)=f(-x)$$
$$3x^2-7=3(-x)^2-7 \qquad | \, (-x)^2=x^2$$
$$3x^2-7=3x^2-7$$

Beispiel: (Punktsymmetrie)
Zeigen Sie, dass die Funktion $g(x)=-2x^3-6x$ punktsymmetrisch zum Ursprung ist.

$$g(x)=-2x^3-6x \qquad | \, g(x)=-g(-x)$$
$$-2x^3-6x=-[-2(-x)^3-6(-x)] \qquad | \, (-x)^3=-x^3$$
$$-2x^3-6x=-[2x^3-6(-x)] \qquad | \, -6(-x)=+6x$$
$$-2x^3-6x=-[2x^3+6x] \qquad | \text{ Minusklammer auflösen}$$
$$-2x^3-6x=-2x^3-6x$$

Zusammenfassung (Symmetrie)

Es geht immer nur um die Punktsymmetrie zum Ursprung und die Achsensymmetrie zur y-Achse.

Faustregel:

> nur ungerade Exponenten: $\rightarrow$ punktsymmetrisch
>
> nur gerade Exponenten : $\rightarrow$ achsensymmetrisch

Beachte dabei, dass eine Zahl ohne x als gerader Exponent zählt.

Mathematisch:

> Punktsymmetrie: $\qquad f(x)=-f(-x)$
>
> Achsensymmetrie: $\qquad f(x)=f(-x)$

Verhalten gegen Unendlich

Beim Verhalten gegen Unendlich geht es darum zu zeigen, von wo die Funktion kommt (Verhalten gegen $-\infty$) und wo die Funktion hingeht (Verhalten gegen $+\infty$). Hierbei geht es auch gar nicht um „unendlich", sondern einfach nur um immer größer, bzw. immer kleiner werdende

Zahlen. Der große Vorteil an diesem Buch hier ist, dass ich dir schon beigebracht habe, wie die verschiedenen Funktionen aussehen könnten. Dadurch, dass du das weißt, kannst du die Frage nach dem Verhalten gegen Unendlich sehr schnell beantworten. Denn du könntest aus dem Kopf sagen, dass eine Funktion dritten Grades mit positivem Vorzeichen von links unten kommt und nach rechts oben geht. Das heißt also, wenn wir mit den x-Werten immer kleiner werden (gegen $-\infty$ eben), dann werden auch die y-Werte immer kleiner. Und wenn wir immer größere Zahlen für x einsetzen, dann werden auch die y-Werte immer größer. Mathematisch sieht das so aus:

$$\lim_{x \to -\infty} f(x) = -\infty$$

Das bedeutet, dass wenn man für x immer weiter gegen $-\infty$ geht, dann geht auch der Funktionswert (das ist der y-Wert) immer weiter gegen $-\infty$.

$$\lim_{x \to +\infty} f(x) = +\infty$$

Und das bedeutet halt dasselbe nur mit $+$. Das Plus muss nicht hingeschrieben werden, aber ich würde es empfehlen.

Wenn man also weiß, wie die Funktionen so aussehen, dann kann man das schnell beantworten.

Aber es gibt natürlich auch „vermischte" Funktionen, wie zum *Beispiel*: $f(x) = e^x - 3x$. Wenn wir diese Funktionen gegen $+\infty$ untersuchen wollen, dann geht ja das e^x gegen $+\infty$ und das $-3x$ gegen $-\infty$. Man könnte sich also fragen: „Wenn der eine Teil der Funktion gegen $+\infty$ und der andere gegen $-\infty$ strebt, gleichen die sich dann etwa aus und es geht zusammmen gegen Null? - Um´s kurz zu machen: In solchen Fällen gewinnt „der Stärkere". Und der Stärkere ist immer die Exponentialfunktion. Das heißt, dass in diesem Beispiel $\lim_{x \to +\infty} f(x) = +\infty$ gilt. Wenn man sich nicht ganz sicher ist, dann könnte man einfach mal eine hohe Zahl für x einsetzen (z.B. 1.000 oder 10.000) und schauen, was dabei raus kommt.

y-Achsenabschnitt

Um den y-Achsenabschnitt zu berechnen, muss man für x eine Null einsetzen. Das liegt daran, dass die y-Achse halt bei x =0 ist. Also, einfach nur f(0) berechnen und fertig.

Nullstellen

Tzja, und jetzt wirst du wohl ziemlich verblüfft sein, wie einfach das doch ist. Denn um die Nullstellen zu berechnen, muss man die Funktion einfach nur gleich Null setzen. Das bedeutet, dass man für y den Wert Null einsetzt. Das macht man deshalb, weil die Nullstellen ja die Schnittstellen mit der x-Achse sind. Und die x-Achse hat nun mal den y-Wert Null. Deswegen setzt man für y Null ein.

Und dann berechnet man einfach nur noch die Gleichung. Das kannst du ja mittlerweile. ☺

Extrempunkte

Zuerst will ich schnell auf den Abschnitt „Der Unterschied zwischen „Punkt, Stelle und Wert" auf Seite 109 verweisen. Dieser Unterschied sollte dir klar sein.

Da wir uns so ein schönes Fundament gebaut haben und richtig gut Gleichungen lösen können, ist auch das berechnen von Extrempunkten mega easy! Denn um die Extrempunkte ausrechnen zu können, muss man nur zwei Bedingungen beachten:

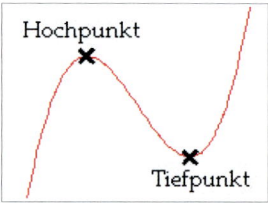

1. **Die erste Ableitung gleich Null setzen** (d.h. die Nullstellen der ersten Ableitung berechnen). Dieses Ergebnis liefert den x-Wert bzw. die Stelle des Extrempunktes – gibt an „wo" der Extrempunkt ist.
2. **Dieses Ergebnis in die zweite Ableitung einsetzen.** Ist das Ergebnis größer als Null, dann handelt es sich bei dem Extrempunkt um einen Tiefpunkt – ist das Ergebnis kleiner als Null, dann handelt es sich um einen Hochpunkt. Wenn genau Null rauskommt, wissen wir nicht, ob es ein Extrempunkt ist oder nicht.

Zusammenfassung (Extrempunkte)

Extrempunkte berechnen ist total einfach. Merk dir einfach folgendes Schema und mach paar Aufgaben dazu.

1. Ableiten (man braucht die ersten beiden Ableitungen)

notwendige Bedingung:

2. Erste Ableitung gleich Null setzen
3. Diese Gleichung lösen

hinreichende Bedingung:

4. Das Ergebnis der Gleichung in der zweiten Ableitung für x einsetzen
5. ausrechnen
    a. Ergebnis > 0 bedeutet: Tiefpunkt
    b. Ergebnis < 0 bedeutet: Hochpunkt
    c. Ergebnis = 0 bedeutet: keine Ahnung
6. Wenn verlangt, noch den y-Wert berechnen (mit Hilfe der Ausgangsfunktion)

Wendepunkte

Auch hier erst der Verweis auf den Unterschied zwischen Stelle, Punkt und Wert auf Seite 109.

Wendepunkte zu berechnen geht genauso wie Extrempunkte zu berechnen, nur mit einer Ableitung weiter unten. Zuerst setzt man die zweite Ableitung gleich Null und setzt dann das Ergebnis davon in die dritte Ableitung ein. Das Ergebnis davon könnte positiv ausfallen, das würde heißen, dass der Wendepunkt in der Mitte einer rechts-links Kurve ist. Es könnte aber auch negativ ausfallen, das würde heißen, dass der Wendepunkt in der Mitte einer links-rechts Kurve ist. Wenn das Ergebnis Null ist, ist es gar kein Wendepunkt.

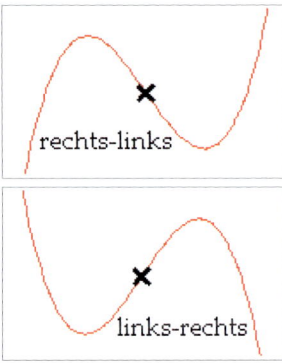

Zusammenfassung (Wendepunkte)

Wendepunkte zu berechnen funktioniert genauso wie Extrempunkte zu berechnen, nur eine Ableitung tiefer.

    1.   Ableiten (man braucht die ersten drei Ableitungen)

notwendige Bedingung:

    2.   Zweite Ableitung gleich Null setzen

    3.   Diese Gleichung lösen

hinreichende Bedingung:

    4.   Das Ergebnis der Gleichung in der dritte Ableitung für x einsetzen

    5.   ausrechnen

        a.   Ergebnis > 0 bedeutet: rechts $\rightarrow$ links

        b.   Ergebnis < 0 bedeutet: links $\rightarrow$ rechts

    c.   Ergebnis = 0 bedeutet: kein Wendepunkt

6. Wenn verlangt noch den y-Wert berechnen (mit Hilfe der Ausgangsfunktion)

Skizze

Dazu muss ich wohl nicht allzu viel erklären. Man zeichnet sich einfach alle Punkte die man ausgerechnet hat in ein Koordinatensystem und zeichnet dann seinen Graphen hindurch.

1. Nullstellen einzeichnen
2. Extrempunkte einzeichnen
3. Wendepunkte einzeichnen
4. y-Achsenabschnitt einzeichnen
5. Da du weißt, wie sich die Funktion gegen ±∞ verhält, weißt du auch wo du anfangen und wo du aufhören sollst mit dem Zeichnen.

So schwer ist eine Kurvendiskussion jetzt gar nicht mehr, stimmt´s? ;)

Tangente und Normale

„Tangente" und „Normale" hast du bestimmt schon mal gehört, oder? Tangente hatte ich in dem Buch ja schon einmal beschrieben – ist eine Gerade, die den Graphen in einem Punkt berührt (lat. „tangere" - „berühren"). Somit hat die Tangente genau die selbe Steigung, wie die Funktion in diesem Punkt.

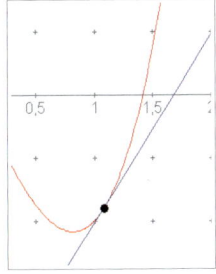

Man könnte noch erwähnen, dass die Tangente mit $y = mx + b$ angegeben werden kann.

Eine Normale ist auch eine Gerade und kann somit auch mit $y = mx + b$ angegeben werden. Die Eigenschaft der Normalen ist es, den Graphen nicht zu berühren, wie die Tangente, sondern ihn im 90° Grad Winkel zu schneiden.

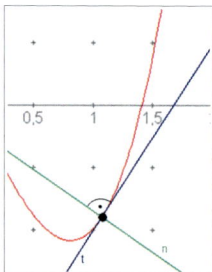

Wenn man nun irgendwelche Aufgaben zu Tangenten oder Normalen liest, dann soll man meistens die Funktionsgleichung berechnen, also $y = mx + b$. Wie könnte man darauf kommen!?

Tangente bestimmen

Es gibt zwei Wege eine Tangente zu bestimmen: Mit der Tangentengleichung oder manuell Schritt für Schritt. Für beide Vorgehensweisen gilt jedoch, dass zum Bestimmen einer Tangente ein Punkt oder zumindest der x-Wert benötigt wird, an dem die Tangente den Graphen berühren soll. Dieser Punkt oder x-Wert wird bei einer Aufgabenstellung also immer mitgeliefert.

Bestimmen einer Tangente mit der Tangentengleichung

Bei der Zuhilfenahme der Tangentengleichung muss man nicht viel verstehen – einsetzen und ausrechnen reicht aus. Deswegen zeige ich das mal an einem

Beispiel: $f(x) = x^2 - x$ $\qquad x_1 = 3$

Bevor ich mit dem Einsetzen und Ausrechnen beginne, muss ich noch schnell die erste Ableitung der gegebenen Funktion bestimmen.

$f(x) = x^2 - x$
$f'(x) = 2x - 1$

Und jetzt kann man mit dem Einsetzen beginnen. Dafür benötigen wir erst mal die allgemeine Tangentengleichung.

Tangentengleichung: $y = f'(x_0) \cdot (x - x_0) + f(x_0)$ $P(x_0 \mid f(x_0))$

Ich werde das hier mal ganz Ausführlich machen und die einzelnen „Teile" einzeln bestimmen.

Erster Teil: $f'(x_0)$

Das x_0 steht für den x-Wert, an dem die Tangente den Graphen berührt. Und der wird bei einer Aufgabenstellung ja immer mitgeliefert. In diesem Fall entspricht das also der 3 .

$$f'(3) = 2 \cdot 3 - 1$$
$$f'(3) = 5$$

Zweiter Teil: $x - x_0$

Den lassen wir genau so stehen. Wir setzen nur für das x_0 wieder den gegeben x-Wert ein.

$$x - x_0 = x - 3$$

Dritter Teil: $f(x_0)$

Und auch hier setzen wir den gegeben x-Wert einfach ein. In diesem Fall also in die Ausgangsfunktion.

$$f(3) = 3^2 - 3$$
$$f(3) = 6$$

Und jetzt setze ich das alles wieder zusammen:

$$y = f'(x_0) \cdot (x - x_0) + f(x_0)$$
$$y = 5 \quad \cdot (x - 3) + 6$$

Das müssen wir jetzt nur noch vereinfachen und sind fertig :)

$$y = 5x - 15 + 6$$
$$y = 5x - 9$$

Viele Schüler haben damit Schwierigkeiten, weil sie zum einen x und x_0 nicht auseinander halten können. Da sollte dieses Beispiel deutlich gemacht haben, dass das einfache x ein einfaches x bleibt und für das x_0 der gegebene x-Wert eingesetzt werden muss.

Eine weitere Schwierigkeit ergibt sich dadurch, dass viele Schüler alles auf einmal in die Tangentengleichung einsetzen und somit beim Vereinfachen durcheinander kommen. Deswegen:

> Nimm die Tangentengleichung in drei Teile auseinander, rechne diese für sich aus und setze sie danach erst wieder zusammen!

Schritt für Schritt die Tangente bestimmen

An vielen Schulen wird diese Tangentengleichung nicht gelehrt. In diesen Fällen muss der Funktionsterm der Tangente folgendermaßen berechnet werden:

Gegeben ist die Funktion $f(x) = 2x^2$ und wir sollen die Tangente an $x = 1$ bestimmen.

Dafür berechnen wir uns durch Einsetzen in die Gleichung schon mal den dazugehörigen y-Wert:

$$f(1) = 2 \cdot 1^2$$
$$f(1) = 2$$

Also berührt die Tangente die Funktion im Punkt $P(1 \,|\, 2)$. Jetzt zur Bestimmung der Tangentenfunktion. Zur Erinnerung: Wir wollen eine

Gleichung der Form $y = mx + b$ erreichen. Das heißt, dass wir m und b bestimmen müssen.

Wir fangen mit m an.

1. m ist die Steigung der Geraden und somit auch die Steigung der Funktion in diesem Punkt. Beim Wort „Steigung" solltest du sofort an „Ableitung" denken, denn die Ableitung gibt die Steigung an! Somit gibt $f'(1)$ die Steigung der Funktion in $x = 1$ an. Und deswegen können wir sagen: $m = f'(1)$.

   (Erste Ableitung lautet: $f'(x) = 4x$)

   Und somit ist $f'(1) = 4$, also ist auch $m = 4$.

2. Wenn wir m haben, brauchen wir nur noch b. Und b berechnen wir, indem wir ganz einfach unsere bisherigen Werte (Punkt P und Steigung m) in die allgemeine Funktion einsetzen und dann nach b auflösen.

   $$y = mx + b \qquad | \, m = 4 \qquad | \, P(1 \,|\, 2)$$
   $$2 = 4 \cdot 1 + b \qquad | -4$$
   $$b = -2$$

3. Und schon sind wir fertig! $y = 4x - 2$

Zusammenfassung (Bestimmen der Tangentenfunktion)

Tangentengleichung:

1. Erste Ableitung bilden
2. Tangentengleichung in drei Teile auseinander nehmen
3. In die drei Teile den gegeben x-Wert einsetzen und ausrechnen
4. Die drei Teile wieder zusammensetzen
5. Vereinfachen

Schritt für Schritt:

1. Erste Ableitung bilden

2. $m=f'(\text{x-Wert})$

3. x, y, m in $y=mx+b$ einsetzen und nach b auflösen.

Normale bestimmen

Wenn man die Tangente schon hat, dann ist es mega easy die Normale zu bestimmen. Die Normale hat ja nur die Eigenschaft, dass sie im rechten Winkel zur Tangente steht, also **orthogonal** zu ihr ist. Diese Orthogonalität bestimmt somit die Steigung und ist einfach nur „der negative Kehrwert der Steigung der Tangente". Hast du sofort kapiert, ne?! :D

Nochmal langsam: Wenn die Steigung der Tangente $m_t=\frac{2}{3}$ ist, dann ist die Steigung der Normalen $m_n=-\frac{3}{2}$. Und noch ein Beispiel: Wenn die Steigung der Tangente $m_t=-\frac{1}{2}$ ist, dann ist die Steigung der Normalen $m_n=\frac{2}{1}$ .Also „der negative Kehrwert der Steigung der Tangente". Jetzt hast du es aber kapiert ;)

Ja, und das b berechnen wir dann genauso wie bei der Tangente :)

Zusammenfassung (Normale bestimmen)

1. $m_n=-\dfrac{1}{m_t}$

2. x, y, m in $y=mx+b$ einsetzen und nach b auflösen.

Das ist alles, nur zwei Schritte. Und in den Schulen wird es immer sooo kompliziert gemacht.... -.-

Stammfunktionen

Mit Hilfe der Stammfunktion könnten Flächen zwischen dem Graphen und der x-Achse berechnet werden.

So weit, so gut. Das hast du bestimmt schon verstanden. Aber wie kommt man denn auf die Stammfunktion?!

Du musst immer im Hinterkopf haben, dass die Stammfunktion sozusagen eine „Aufleitung" ist – also das Gegenteil von der Ableitung. Das heißt, dass wenn du die **Stammfunktion ableiten** würdest, würdest du wieder auf die **Ausgangsfunktion** kommen.

Allgemein: $\qquad f(x) = x^n$

$$F(x) = \frac{1}{n+1} \cdot x^{n+1}$$

Leiten wir die Stammfunktion mal ab:

$$F(x) = \frac{1}{n+1} \cdot x^{n+1} \qquad | \text{ ableiten}$$

$$f(x) = (n+1)\frac{1}{n+1} \cdot x^{n+1-1} \qquad | \text{ kürzen}$$

$$f(x) = x^n$$

Das gilt jetzt natürlich nur für Potenzfunktionen. Du hast aber auch schon mitbekommen, dass es ja noch andere Arten von Funktionen gibt und sogar „Mischfunktionen". Es gibt auch eine Art „Produktregel für Stammfunktionen". Diese nennt sich „partielle Integration". Aber das muss man im Grundkurs nicht wissen, deswegen erkläre ich jetzt nur noch schnell wie die Kettenregel rückwärts funktioniert:

Beispiel

$$f(x) = e^{2x}$$

$$F(x) = \frac{1}{2}e^{2x}$$

Das einzige was man machen muss, ist „1 durch die innere Ableitung" mit mal davor zu schreiben. Wie auch bei der Ableitung bleibt die innere Funktion erhalten und wird nicht verändert! Am besten kontrolliert man sich immer, indem man die Stammfunktion ableitet. Als Ergebnis müsste ja wieder die Ausgangsfunktion raus kommen.

Und auch das festigt sich nur, wenn du es paar mal selbst gemacht hast – deswegen machst du am besten die Aufgaben auf Seite 26.

Flächen und Funktionen

Ich weiß, dieses Thema ist gar nicht beliebt bei Schülern. Aber auch hier kann ich dir sagen, dass es wieder nicht viel ist, was du wissen musst.

Wenn im Zusammenhang mit Graphen/Funktionen von Flächen gesprochen wird, dann ist in erster Linie die Fläche zwischen dem Graphen und der x-Achse gemeint. Für diese Fläche gab es auch erst mal keine eindeutige Formel, wie zum Beispiel für einen Kreis, ein Dreieck oder Rechteck. Und weil es eben keine eindeutige Formel gab, hat man versucht diese Fläche annähernd zu bestimmen. Dafür hat man die Fläche mit ganz vielen Rechtecken gefüllt und die Flächen dieser Rechtecke dann addiert. Heute kennt man es unter dem Namen

Ober- und Untersumme

Eigentlich berechnest du mit der Ober- und Untersumme zwei Flächen:

1. Die Obersumme – diese Fläche ist ein wenig größer als die eigentliche Fläche, die du berechnen willst.
2. Die Untersumme – diese Fläche ist ein wenig kleiner als die eigentliche Fläche, die du berechnen willst.

Da die Obersumme nun etwas zu groß und die Untersumme etwas zu klein ist, müsstest du den Mittelwert dieser beiden Flächen berechnen, um der eigentlichen Fläche näher zu kommen.

Jetzt klären wir aber erst mal, wie die Obersumme und wie die Untersumme überhaupt berechnet werden.

Obersumme:

Die erste Hürde ist das Einzeichnen der Balken. Du weißt nämlich, dass eine der beiden oberen Ecken des Rechtecks auf der Funktion liegen, es stellt sich aber immer die Frage: Muss die linke oder die rechte Ecke auf der Funktion liegen?

Diese Frage könntest du dir durch ausprobieren oder nachdenken leicht beantworten, denn bei der Obersumme, muss das Rechteck teilweise über der Funktion liegen! Deswegen ist es hier im ersten Schaubild die rechte Ecke, die auf der Funktion liegt und im zweiten Schaubild die linke.

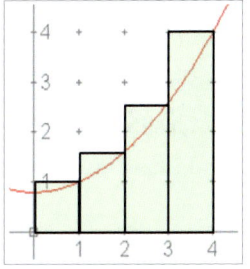

Nun gehen wir mal davon aus, dass die Funktion im oberen Schaubild f heißt und im unteren Schaubild g . Du weißt, wie du den Flächeninhalt eines Rechtecks berechnest: Länge·Breite .

Die Breite ist angegeben oder – wie hier – einfach abzulesen, Breite$=1$. Die Länge ergibt sich aus dem Funktionswert. In diesem Fall ist die Länge des ersten Rechtecks $f(1)$, weil die Ecke des Rechtecks bei $x=1$ auf der Funktion liegt. Somit ist der Flächeninhalt vom ersten Rechteck $A_1=f(1)\cdot 1$.

Das zweite Rechteck berechnen wir genau so: Länge·Breite , also $A_2=f(2)\cdot 1$. Und das machen wir natürlich auch so für das dritte und vierte Rechteck, sodass wir dann insgesamt auf einen Flächeninhalt von $A = f(1) \cdot 1 + f(2) \cdot 1 + f(3) \cdot 1 + f(4) \cdot 1$ kommen. Das könnte man jetzt noch kürzen: $A = f(1) + f(2) + f(3) + f(4)$.

Hier im zweiten Beispiel ist nicht mehr die rechte obere Ecke des Rechtecks auf der Funktion, sondern die linke. Wenn jetzt die rechte Ecke nämlich auf der Funktion wäre, dann wären alle Balken komplett unter der Funktion und das wäre dann die Untersum-

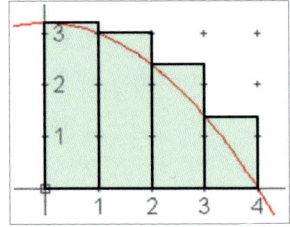

me und nicht die Obersumme (kannst es dir ja mal gedanklich vorstellen).

Weiterhin berechnen wir die Fläche der Rechtecke wie gewohnt mit Länge·Breite. Somit gilt weiterhin Breite $= 1$.

Die Länge des ersten Rechtecks ist nun nicht $g(1)$, sondern $g(0)$! Wenn du dir das Schaubild genau anschaust, dann siehst du auch warum. Das erste Rechteck ist so hoch, wie der Funktionswert bei $x = 0$. Somit rechnen wir $A_1 = g(0) \cdot 1$. Um das zweite Rechteck zu berechnen, müssten wir also $A_2 = g(1) \cdot 1$ rechnen usw. Insgesamt berechnen wir die Gesamte Fläche mit $A = g(0) \cdot 1 + g(1) \cdot 1 + g(2) \cdot 1 + g(3) \cdot 1$ und können das kürzen auf $A = g(0) + g(1) + g(2) + g(3)$.

Untersumme:

Wenn du die Obersumme verstanden hast, dann wirst du auch die Untersumme verstehen, weil das Prinzip dasselbe ist. Auch hier haben wir wieder Rechtecke, dessen Flächen wie immer mit Länge mal Breite berechnet werden. Die Breite ist angegeben oder – wie hier – einfach abzulesen, Breite $= 1$. Etwas komplizierter ist wieder nur die Länge. Liegt die linke oder rechte Ecke auf der Funktion?

Im ersten Beispiel siehst du, dass jeweils die linke Ecke auf der Funktion liegt. Somit berechnen wir den Flächeninhalt des ersten Rechtecks mit $A_1 = f(0) \cdot 1$ und des zweiten Rechtecks mit $A_2 = f(1) \cdot 1$ usw. Die gesamte

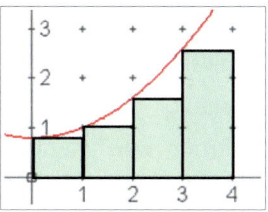

Fläche berechnen wir mit $A = f(0) \cdot 1 + f(1) \cdot 1 + f(2) \cdot 1 + f(3) \cdot 1$ und können es kürzen auf $A = f(0) + f(1) + f(2) + f(3)$.

Im zweiten Beispiel liegt jeweils die rechte Ecke auf der Funktion. Deswegen beginnen wir mit der Länge des ersten Rechtecks nicht bei $f(0)$, sondern bei $f(1)$.

Es könnte dir merkwürdig vorkommen, dass wir kein viertes Rechteck haben. Das ist aber

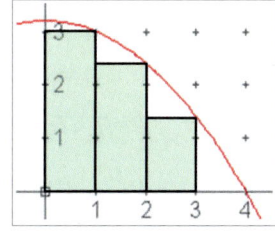

ganz logisch. Wir haben ja jeweils die rechte Ecke auf der Funktion. Wenn wir das auch beim vierten Rechteck so machen, dann sehen wir, dass die rechte Ecke im Punkt $(4 \,|\, 0)$ sein müsste, also Null Einheiten hoch! Naja, und ein Rechteck, bei dem die Länge $= 0$ ist, sieht man eben nicht ;)

Somit berechnet sich dieser gesamte Flächeninhalt $A = f(1) \cdot 1 + f(2) \cdot 1 + f(3) \cdot 1$ und kann wieder gekürzt werden auf $A = f(1) + f(2) + f(3)$.

Zwischen Graph und x-Achse

Um eine Fläche nun genau zu bestimmen und nicht nur näherungsweise, wie mit der Ober- und Untersumme, wird die Stammfunktion benötigt. Mithilfe der Stammfunktion könntest du also eine Fläche zwischen dem Graphen und der x-Achse bestimmen. Dafür benötigst du außerdem den Anfangs- und den Endwert der Fläche auf der x-Achse.

Beispiel:

Nehmen wir an die Funktion $f(x)=0{,}5x^2+1$ sei gegeben. Die Stammfunktion lautet also $F(x)=\dfrac{1}{6}x^3+x$.

Wenn wir nun wissen wollen, wie groß die Fläche von der y-Achse bis $x=3$ ist, dann könnten wir $F(3)-F(0)$ ausrechnen und wären fertig. Das Ergebnis ist nämlich der Flächeninhalt zwischen der Funktion f und der x-Achse von $x=0$ bis $x=3$.

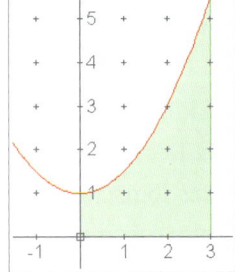

$$F(3)=\frac{1}{6}\cdot 3^3+3=7{,}5 \text{ FE}$$

$$F(0)=\frac{1}{6}\cdot 0^3+0=0 \text{ FE}$$

$$F(3)-F(0)=7{,}5-0=7{,}5 \text{ FE}$$

Soweit schon mal gecheckt? - Sehr gut! Wenn du willst, könntest du das schon mal üben: S. 28.

Kleiner Tipp:

Wenn eine ganzrationale Funktion gegeben ist und 0 in die Stammfunktion einsetzt wird, kommt immer 0 raus!

Zwischen zwei Graphen

Jetzt gibt es natürlich genug Aufgaben, bei denen du nicht die Fläche zwischen einer Funktion und der x-Achse berechnen sollst, sondern die Fläche zwischen zwei Funktionen. Wie könntest du nun vorgehen, wenn mit der Stammfunktion immer nur die Fläche zwischen Funktion und x-Achse berechnet wird?

Um das zu erklären will ich dir ein ähnliches Beispiel zeigen. Stell dir vor, du schaust von oben auf einen Donut und willst die Fläche des Donuts berechnen. (Ja, ich bekomme gerade auch Hunger auf Donut… :D). Dieser Donut hat einen Radius von 6cm und das Loch in der Mitte hat einen Radius von 2cm . Das

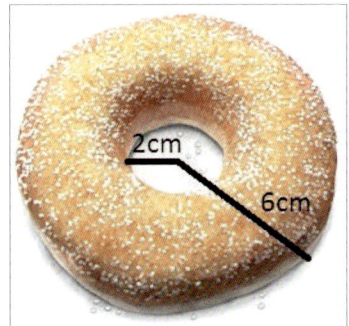

Problem in diesem Fall ist, dass wir nur die Fläche eines Kreises bestimmen können und nicht die eines Rings. Also, im Prinzip dasselbe Problem, wie wir es bei den Flächen mit Funktionen haben, wenn wir halt die Fläche zwischen zwei Funktionen berechnen wollen. Aber zurück zum Donut – wie könnten wir trotzdem die Fläche des Donuts berechnen, auch wenn wir nur ganze Kreise berechnen können?

Wir könnten die Fläche des Donuts berechnen, indem wir einfach erst den ganzen Kreis mit 6cm Radius berechnen und dann das Loch in der Mitte mit 2cm Radius abziehen. Somit bleibt genau die Fläche des Donuts übrig!

Naja, und genauso machen wir das auch bei den Flächen zwischen zwei Funktionen. Erst berechnen wir die größere Fläche und ziehen davon dann die kleinere ab, sodass die Fläche in der Mitte übrig bleibt.

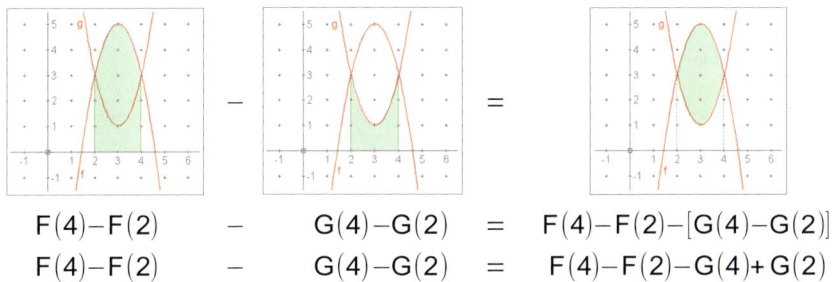

$$F(4)-F(2) \quad - \quad G(4)-G(2) \quad = \quad F(4)-F(2)-[G(4)-G(2)]$$
$$F(4)-F(2) \quad - \quad G(4)-G(2) \quad = \quad F(4)-F(2)-G(4)+G(2)$$

Wenn wir die Fläche zwischen den beiden Graphen berechnen wollen, dann berechnen wir erst die komplette Fläche (unter f) und ziehen dann die kleine Fläche (unter g) davon ab und somit bleibt die Fläche zwischen f und g übrig.

Jetzt gibt es nicht nur die Schreibweise mit den Stammfunktionen, sondern auch die Schreibweise mit den **Integral**zeichen. Auch das ist nichts schlimmes und muss nur ein wenig geübt werden. In dem Beispiel von eben würde man das so schreiben:

$$A = \int_2^4 f(x)\ dx - \int_2^4 g(x)\ dx$$
$$A = [F(x)]_2^4 - [G(x)]_2^4$$
$$A = F(4) - F(2) - [G(4) - G(2)]$$

Man könnte aber auch als ersten Schritt die beiden Integrale zusammenfassen, weil die Integralgrenzen gleich sind...

$$A = \int_2^4 f(x)\ dx - \int_2^4 g(x)\ dx$$
$$A = \int_2^4 f(x) - g(x)\ dx$$
$$A = [F(x) - G(x)]_2^4$$
$$A = F(4) - G(4) - [F(2) - G(2)]$$

Das ist meistens auch die geschicktere Variante, wenn die Integrale erst mal zusammen gefasst werden...

Wenn man das Integralzeichen verwendet, dann sollten die Ausgangsfunktion $f(x)$, $g(x)$ etc. drin stehen.

Um das Integralzeichen weg zu bekommen, benötigt man einfach nur die Stammfunktion.

Damit man die Grenzen (in diesem Fall 2 und 4) noch dazuschreiben kann, setzt man die Stammfunktion in eckige Klammern und schreibt die Grenzen an die hintere Klammer.

> Um diese Klammern aufzulösen, muss man erst die obere Zahl der Grenzen für x einsetzen dann ein MINUS und die untere Zahl der Grenzen für x einsetzen.

Das heißt also, dass $\int f(x)\ dx$ (ohne bestimmte Grenzen) nichts anderes bedeutet als $F(x)$. Das ist genau dasselbe – nur eine andere Schreibweise – deswegen: Keine Angst vor Integralen ;)

Flächen über und unter der x-Achse

Beim berechnen von Flächen musst du darauf achten, dass bei Flächen, die unter der x-Achse sind ein negatives Ergebnis raus kommt. Da ein Flächeninhalt aber nicht negativ sein kann, musst du die Zahl einfach positiv angeben. (Das heißt, dass du den **Betrag** der Zahl angeben musst.)

Jetzt ist es aber so, dass Flächen zum Teil über und zum Teil unter der x-Achse liegen könnten. Wenn du den Flächeninhalt nun wie gewohnt berechnen willst – im Beispiel der Skizze also $\int_2^4 f(x)\ dx$ – dann subtrahieren sich die beiden Teilflächen aufgrund der verschiedenen Vorzeichen. Somit bekommst du als Ergebnis nicht die 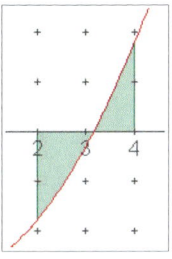 Fläche als ganzes, sondern die Differenz der beiden Flächen über und unter der x-Achse.

Wenn es also der Fall sein sollte, dass du eine Fläche berechnen musst, die sowohl über als auch unter der x-Achse liegt, dann musst du sie aufspalten in „Fläche über der x-Achse" und „Fläche unter der x-Achse" und beide Flächen einzeln berechnen. Dann nimmst du von beiden Flächen den Betrag und addierst sie.

Beispiel: Berechnen Sie die Fläche unter der Funktion f mit $f(x)=0{,}3x^2-3$ von $x=2$ bis $x=4$. Die Funktion besitzt bei $x=\sqrt{10}$ eine Nullstelle.

$$A=\int_2^4 0{,}3x^2-3 \ dx$$

$$A=\left[\frac{0{,}3}{3}x^3-3x\right]_2^4$$

Weil bei $\sqrt{10}\approx 3{,}16$ eine Nullstelle ist, spalten wir die Fläche in zwei Teilflächen:

$$A_1=\left[\frac{0{,}3}{3}x^3-3x\right]_2^{\sqrt{10}}$$

$$A_1=\left(\frac{0{,}3}{3}\sqrt{10}^3-3\cdot\sqrt{10}\right)-\left(\frac{0{,}3}{3}2^3-3\cdot2\right)$$

$$A_1\approx -1{,}12 \ \text{FE}$$

$$A_2=\left[\frac{0{,}3}{3}x^3-3x\right]_{\sqrt{10}}^4$$

$$A_2=\left(\frac{0{,}3}{3}4^3-3\cdot4\right)-\left(\frac{0{,}3}{3}\sqrt{10}^3-3\cdot\sqrt{10}\right)$$

$$A_2\approx 0{,}72 \ \text{FE}$$

Somit haben wir beide Teilflächen und addieren nun jeweils deren Betrag

$$A=1{,}12+0{,}72$$

$$A=1{,}84 \ \text{FE}$$

Beachte: Es gibt auch Flächen, die sowohl über als auch unter der x-Achse sind, die aber **nicht einzeln** berechnet werden müssen. Das ist dann der Fall, wenn in diesem Zusammenhang **eine Fläche zwischen zwei Graphen** berechnet wird und von dieser Fläche ein Teil unter und der andere Teil über der x-Achse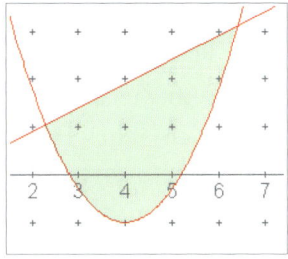

liegt. Da musst du die beiden Teilflächen nicht einzeln berechnen, sondern kannst die ganze Fläche wie gewohnt berechnen.

Zusammenfassung (Flächen über und unter der x-Achse)

Wenn eine Fläche

- sowohl über als auch unter der x-Achse ist
- zwischen Graph und x-Achse berechnet werden soll (also nicht eine Fläche zwischen zwei Funktionen)

dann muss man die Fläche über der x-Achse und die Fläche unter der x-Achse einzeln berechnen und anschließend die Beträge addieren.

„Unendliche Flächen"

Unendliche Flächen bzw. Flächen mit **nur einer** festen Grenze (und die zweite „Grenze" ist dann bei $+\infty$ oder so) klingen irgendwie kompliziert, sind es aber nicht wirklich. Meistens gibt es so Aufgaben in Verbindung mit einer Funktion, bei der das x im Nenner steht (= gebrochenrationale Funktionen).

Jetzt könnte man sich denken, warum so eine Fläche, die unendlich weit nach rechts geht, überhaupt einen genauen Flächeninhalt hat und der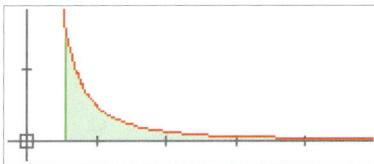

nicht auch einfach unendlich ist – immerhin kommt ja immer etwas mehr Fläche hinzu je weiter man nach rechts geht...!?

In diesem Zusammenhang erkläre ich immer folgendes: Stell dir vor , du hast ein Stück Holz, das 1 Meter lang ist. Nun nimmst du die Hälfte davon – also 0,5m – und legst sie in Verlängerung zu deinem Stock hin, sodass beide Stöcke jetzt zusammen 1,5m lang sind. Jetzt nimmst du die Hälfte von der Länge, die du eben dazu gelegt hast – also 0,25m – und legst sie wieder in Verlängerung hin. Also haben wir jetzt insgesamt 1,75m. Dann wieder die Hälfte davon von dem, was wir eben dazugelegt haben, also – 0,125m – usw. usw...Das machst du unendlich mal. Und jetzt rate, wie lang der Stock maximal wird..?

Tzja, das ist jetzt also wie bei diesen Flächen, die scheinbar unendlich groß sind. Aber weil die Stücke, die du ran legst immer kleiner werden, macht das irgendwann einfach nichts mehr aus und der Stock wird nicht länger als 2m.

Und genau so ist es eben auch mit diesen Flächen die unendlich weit nach rechts gehen oder so.

Okay, jetzt haben wir schon mal verstanden, dass diese Flächen also wirklich einen endlichen Flächeninhalt haben – aber wie könnte man den berechnen?

Vom Prinzip her ändert sich gar nichts – es ist höchstens ungewohnt mit ∞ zu rechnen.

Beispiel:

Bestimmen Sie die Fläche von $x=1$ bis $x=+\infty$ unter der Funktion f mit $f(x)=x^{-2}$

Wenn eine Grenze $+\infty$ bzw. $-\infty$ oder eine Zahl, die nicht zum Definitionsbereich gehört, ist, dann schreibt man dafür eine Variable, z.B. t . Außerdem schreibt man dann auch $A(t)=$ und nicht nur $A=$, weil die Fläche somit eben von t abhängig ist.

$$A(t) = \int_1^t f(x)\ dx$$

$$A(t) = \int_1^t x^{-2}\ dx$$

$$A(t) = \left[-x^{-1}\right]_1^t$$

$$A(t) = -\frac{1}{t} - \left[-\frac{1}{1}\right]$$

$$A(t) = -\frac{1}{t} + 1 \qquad |\ \frac{1}{\infty}\ \text{strebt gegen } 0^1$$

$$\lim_{t \to +\infty} A = 1\ \text{FE}$$

Aufgaben findest du im Aufgabenbuch ab Seite 30.

Extremwertaufgaben

Die Extremwertaufgaben sind auf jeden Fall ein Schwerpunkt bei Analysisaufgaben. Auch hier denken viele, dass man dabei so viel Neues wissen muss, aber ich kann dir versprechen, dass du mittlerweile alles kannst, was du können musst, um eine Extremwertaufgabe lösen zu können.

Das einzige Problem ist, dass du noch nicht weißt, wie du dein Können anwenden musst. Das zeige ich dir aber an einem

Beispiel:

Stell dir vor, dass ein Bauer 20m Zaun und eine lange Mauer zur Verfügung hat, um damit eine rechteckige Fläche einzugrenzen, auf der seine Schafe weiden können. Dann könnte die Frage sein, wie lang die Seiten sein müssen, damit die Fläche möglichst groß wird, auf der seine Schafe weiden werden.

---

1 Wenn du das nicht sofort erkennst, warum es gegen 0 strebt, dann setze im Taschenrechner einfach immer größer werdende Zahlen(10, 100, 1000...)für t ein und schau, wie sich das Ergebnis entwickelt.

Wie könnte man an so eine Aufgabe ran gehen?

Als erstes sollten wir uns die Frage stellen: Was ist denn überhaupt gesucht bzw. was soll maximal/minimal werden? In diesem Fall ist das die Fläche eines Rechtecks, die maximal werden soll und dafür stellen wir ganz allgemein auf, wie die Fläche in diesem Fall denn berechnet wird:

$A = x \cdot y$

Das sollte man auf jeden Fall hinkriegen und das ist auch das erste, wonach man fragen sollte: „Was wollen die hier denn von mir!?"

Wenn wir uns die Gleichung $A = x \cdot y$ mal anschauen würden, dann könnte uns auffallen, dass die Fläche von zwei Variablen abhängt – von x und y. Das heißt, dass wir daraus keine Funktion erstellen können, weil eine Funktion ja nur von einer Variablen abhängt! Das ist den allermeisten gar nicht bewusst, aber so ist das nun mal bei $f(x)$ oder $h(t)$ oder wie auch immer – die Funktionen sind nur von einer Variablen abhängig. Und das ist der Knackpunkt bei Extremwertaufgaben. Bei Extremwertaufgaben hingegen, hängt die Funktion erst mal von zwei Variablen ab.

- Bis hierhin schon mal gecheckt? Wenn nicht, dann lies es nochmal!

Damit wir einen Extremwert berechnen können, brauchen wir also eine Funktion, die nur von einer Variablen abhängt und **dafür** brauchen wir die Nebenbedingung.

Die Nebenbedingung ist immer ganz direkt als Zahl angegeben. Hier heißt es, dass der Bauer nur 20m Zaun zur Verfügung hat. Nach einem

Blick auf die Skizze könnte man daraus jetzt folgende Gleichung erstellen:

$20 = 2x + y$

Diese Gleichung dient also nur dazu, um bei der eigentlichen Gleichung $A = x \cdot y$ aus den zwei Variablen nur noch eine zu machen. Das gelingt uns, indem wir die Nebenbedingung nach einer Variablen auflösen und dann in die eigentliche Funktion (man sagt auch „Zielfunktion") einsetzen.

$20 = 2x + y \qquad | -2x$

$y = 20 - 2x$

So, und jetzt kann man das einfach einsetzen:

$A = x \cdot y \qquad | y = 20 - 2x$

$A = x \cdot (20 - 2x)$

…und tataaaa! Schon haben wir eine Gleichung/Funktion, die nur noch von einer Variablen abhängt – in diesem Fall von x.

Und alles was jetzt kommt, kannst du ja schon – ableiten, Extrempunkt berechnen, Antwortsatz schreiben :)

$A(x) = x \cdot (20 - 2x) \qquad |$ erst mal ausmultiplizieren

$A(x) = 20x - 2x^2 \qquad |$ ableiten

$A'(x) = 20 - 4x \qquad |$ Null setzen

notwendige Bedingung:

$0 = 20 - 4x \qquad | +4x$

$4x = 20 \qquad | \div 4$

$x = 5m$

Jetzt ist es von Lehrer zu Lehrer unterschiedlich, ob du noch die hinreichende Bedingung berechnen musst (immerhin sind wir ja gerade dabei einen Extrempunkt zu bestimmen), oder eben nicht. Ich schreib sie mal dazu:

hinreichende Bedingung:

$A''(x) = -4$

$A''(5) = -4 \quad \rightarrow \quad -4 < 0 \quad \rightarrow \quad$ Hochpunkt!

Okay, wir wissen jetzt also, dass die beiden Seiten x jeweils 5m sein müssen, wenn die Fläche maximal werden soll.

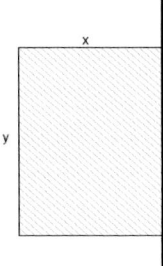

Und jetzt sollten wir noch mal schauen, was in der Aufgabenstellung überhaupt verlangt war: „[...]Dann könnte die Frage gestellt sein, wie lang die Seiten sein müssten, damit die Fläche möglichst groß wird."

Okay, eine Seite wissen wir schon: $x = 5$. Jetzt müssen wir noch die andere berechnen.

Dafür wurde ja vorgegeben, dass der Bauer eh nur 20m zur Verfügung hat, also $20 = 2x + y$. Da setzen wir x ein und können somit y berechnen.

$20 = 2 \cdot 5 + y \qquad | - 10$

$y = 10$

Antwortsatz: Damit der Bauer einen möglichst großen Flächeninhalt erhält, muss er die Seiten $x = 5\,m$ und $y = 10\,m$ wählen.

Fertig.

Wenn in der Aufgabenstellung noch gefragt worden wäre, wie groß der Flächeninhalt dann ist, dann müsste man den halt auch noch ausrechnen: $A = x \cdot y \quad \rightarrow \quad A = 5 \cdot 10 \quad \rightarrow \quad A = 50\,m^2$

Wenn du das jetzt verstanden hast – super! Aber ohne Übung wirst du damit nichts anfangen können. Deswegen machst du am besten mal paar Aufgaben auf Seite 31.

Und denk dran: Der **Schlüssel** ist, dass du verstanden hast, dass man bei Extremwertaufgaben immer aus zwei Variablen (manchmal auch drei, wenn die Aufgabe etwas schwerer ist) eine machen muss, damit man eine Funktion hat, bei der man einen Extremwert berechnen kann! Das ist das Einzige, das du so richtig checken musst!

Randwertbetrachtung

Die Randwertbetrachtung ist schon eher etwas Spezielles und gehört zu den Extremwertaufgaben. Es könnte nämlich sein, dass der Extremwert, den man ausgerechnet hat, <u>nicht</u> der beste Wert ist. Stattdessen liefern die Randwerte eine bessere Lösung.

Beispiel:

Die Summe aus zwei natürlichen Zahlen a und b ergibt 22 . Wie sind a und b zu wählen, damit ihr Produkt möglichst klein ist?

Das Produkt zweier Zahlen soll minimal werden, also stellen wir die Gleichung mal allgemein auf:

$P = a \cdot b \quad \rightarrow \quad$ soll möglichst klein sein

Diese Gleichung ist wieder von zwei Variablen abhängig, also brauchen wir eine Nebenbedingung: „Die Summe aus zwei natürlichen Zahlen a und b ergibt 22 ."

$22 = a + b \qquad$ | nach b oder a auflösen

$b = 22 - a$

Und jetzt können wir b in die Zielfunktion einsetzen :)

$P(a) = a \cdot (22 - a) \qquad$ | ausmultiplizieren

$P(a) = 22a - a^2$

So, und jetzt kommt der Grund, warum es so wichtig ist, sich die Funktion mal kurz visuell im Kopf vorzustellen: Die Funktion $P(a)$ hier, ist eine nach unten geöffnete Parabel. Das heißt, dass sie auf jeden Fall einen Hochpunkt hat und keinen Tiefpunkt! Das Problem hierbei ist, dass das Produkt minimal werden soll und wir somit einen Tiefpunkt suchen!

Und genau das sollte uns dazu bringen die Randwerte zu betrachten. Die Randwerte sind meistens die Nullstellen, weil das, was man sucht nicht negativ sein darf, siehe „zwei **natürliche** Zahlen"[1]. Meistens sucht man ja nach

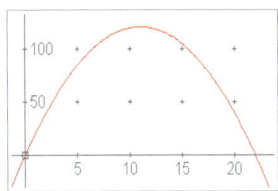

irgendwelchen Längen, Höhen usw. Auch in diesem Beispiel ist von „natürlichen Zahlen" die Rede und das sind eben alle positiven ganzen Zahlen.

Die Randwerte hier sind $a=0$ und $a=22$.

Wenn wir das jetzt in unsere Funktion einsetzen, dann sehen wir:

$P(0)=0$ und $P(22)=0$. Das Produkt ist also möglichst klein und in Summe kommt bei beiden trotzdem 22 raus.

Rotationsvolumen

Beim Rotationsvolumen gibt es nicht viel zu verstehen. Da geht es nur um einsetzen und ausrechnen. Wir unterscheiden zwischen zwei verschiedenen Rotationsvolumina:

1. Rotation um die x-Achse

    Hier musst du wirklich nichts beachten und einfach nur die gegebenen Informationen in die Formel einsetzen.

2. Rotation um die y-Achse

    Hier musst du genau eine Sache beachten! Erstmal die Umkehrfunktion bilden und dann in die Formel einsetzen.

---

1   Wenn du nicht weißt, dass natürliche Zahlen nur ganze positive Zahlen sind, dann lies dir unbedingt die Mengenlehre auf Seite 108 durch.

Die Formel für das Rotationsvolumen lautet:

$$V = \pi \cdot \int_a^b (f(x))^2 \ dx$$

Beispiel: Berechnen Sie das Rotationsvolumen um die x-Achse für die Funktion $f(x) = 0{,}1\,x^2$ im Integral $[2\,;5]$.

$V = \pi \cdot \int_a^b (f(x))^2 \ dx$ | einsetzen

$V = \pi \cdot \int_2^5 (0{,}1\,x^2)^2 \ dx$ | quadrieren

$V = \pi \cdot \int_2^5 0{,}01\,x^4 \ dx$ | ausrechnen

...

$V = \pi \cdot 6{,}186$

$V \approx 19{,}43 \ \ VE$

Ja, so einfach ist das. Jetzt machen wir das selbe Beispiel noch um die y-Achse..

$f(x) = 0{,}1\,x^2$

$y = 0{,}1\,x^2$ | x und y vertauschen

$x = 0{,}1\,y^2$ | nach y auflösen

$y = \sqrt{10x}$ | in die Formel einsetzen und ausrechnen

$V = \pi \cdot \int_a^b (f(x))^2 \ dx$

$V = \pi \cdot \int_2^5 (\sqrt{10x})^2 \ dx$

$V = \pi \cdot \int_2^5 10x \ dx$

...

$V \approx 329{,}87 \ \ VE$

Aufgaben findest du auf Seite 33.

Funktionsgleichungen herleiten

Um Funktionsgleichungen herzuleiten, hat man es immer mit sogenannten linearen Gleichungssystemen zu tun. Diese muss man halt
einfach lösen können und deswegen erkläre ich hier erst mal, wie man
das macht.

Lineare Gleichungssysteme

Ein lineares Gleichungssystem (LGS) ist ein „Bund" aus Gleichungen
die vom Sinn her zusammen gehören. Das heißt, wenn du Funktionsgleichungen bestimmen musst und dann halt so ein LGS hast, dann ist
der Sinn dieser, dass alle Gleichungen zu einer Funktion gehören.

So ein LGS könnte zum Beispiel so aussehen:

I $\quad 2x + y = 7$

II $\quad 4x - y = -4$

Es könnte dir aufgefallen sein, dass man immer genau so viele Gleichungen wie Unbekannte hat. Das ist auch sehr wichtig, weil man das
LGS sonst nicht lösen könnte. Also merk dir:

> Um ein LGS eindeutig lösen zu können, braucht man ge-
> nau so viele Gleichungen wie Variablen.

Um ein LGS lösen zu können, gibt es drei Möglichkeiten. Für welche
du dich entscheidest, ist völlig egal...

1. Additionsverfahren (das hast du bestimmt immer benutzt..)
2. Gleichsetzungsverfahren
3. Einsetzungsverfahren

Eine Sache kannst du dir jetzt schon merken, weil diese eine Sache haben alle drei Verfahren gemeinsam: Man versucht immer eine Variable
zu eliminieren.

Additionsverfahren

Das wird in der Schule am häufigsten benutzt, deswegen wirst du das bestimmt auch schon ganz gut können. Hier geht es darum durch Addition beider Gleichungen eine Variable zu eliminieren. Das gelingt halt nur, wenn diese Variable in beiden Gleichungen den selben Faktor hat. Nehmen wir das *Beispiel* von oben:

$$\text{I} \quad 2x + y = 7$$
$$\text{II} \quad 4x - y = -4$$

In diesem Fall steht in der ersten Gleichung $+y$ und in der zweiten $-y$. Das heißt, dass wenn wir die beiden Gleichungen addieren, ergibt $(+y) + (-y) = 0$ und somit fällt y weg:

$$\text{I+II} \quad 6x = 3 \;\rightarrow\; x = 0{,}5$$

Und jetzt könnte man das x in eine der beiden Ausgangsgleichungen einsetzen und somit y berechnen.

In diesem Beispiel hatten wir Glück, dass von Anfang an $-y$ und $+y$ da stand. Das ist natürlich nicht immer so. Dann muss man halt gucken wie man erweitert, damit es bei der Addition aufgeht.

Beispiel:

$$\text{I} \quad 2x + y = 7$$
$$\text{II} \quad 4x - 3y = -4$$

Jetzt müssten wir eine der Gleichungen so erweitern, dass sich x oder y bei einer Addition eliminieren würden. Wir könnten zum Beispiel die erste Gleichung mit 2 oder -2 multiplizieren.

$$\text{I·2} \quad 4x + 2y = 14$$
$$\text{II} \quad 4x - 3y = -4$$

Jetzt müssen wir nur aufpassen, dass wir die Gleichungen nicht addieren, sonst würde sich ja nichts eliminieren. Ich will dir mit diesem Beispiel vor allem auch zeigen, dass wir die **Gleichungen einfach subtra-**

hieren könnten:

I-II $5y=18$

Und somit ist $y=3{,}6$, das könnten wir dann wieder in eine der beiden Ausgangsgleichungen einsetzen und x berechnen.

Gleichsetzungsverfahren

Das kennst du eigentlich ziemlich gut, das machst du nämlich immer, wenn du berechnen willst, ob und wo sich Funktionen schneiden.

$y=2x-2$

$y=5x+3$

Das ist vielen nicht bewusst, aber auch hier hat man ein LGS und man löst es, indem man es gleichsetzt. Der Gedanke dahinter ist „Wenn $2x-2$ gleich y ist und $5x+3$ auch gleich y ist, dann ist auch $2x-2$ gleich $5x+3$ ".

Man müsste also beide Gleichungen eines LGS nach einer Variablen auflösen und dann gleichsetzen. Das ist so einfach und so bekannt, deswegen verzichte ich hier auf ein Beispiel..

Einsetzungsverfahren

Und auch das ist total einfach. Beim Einsetzungsverfahren löst man nach einer Variablen auf und setzt sie dann in die andere Gleichung ein. Das machst du ja bei Extremwertaufgaben immer so..

Beispiel:

I $2x+y=7$ $|-2x$

II $4x-y=-4$

I $y=7-2x$ $|$ in die zweite Gleichung einsetzen

II $4x-(7-2x)=-4$

Und jetzt kann man wieder die zweite Gleichung nach x auflösen und danach auch y berechnen – das kriegst du mittlerweile sicherlich schon hin ;)

3 Gleichungen, 3 Variablen

Lineare Gleichungssysteme mit DREI Gleichungen und DREI Variablen sind schon etwas komplizierter als LGS mit nur zwei Gleichungen
und zwei Variablen. Doch auch hier gilt der Grundsatz: Übung macht
den Meister. Je mehr Aufgaben du zu diesem Thema gemacht hast,
desto sicherer bist du und desto weniger Fehler wirst du machen.

Am besten erklärt es sich wie so oft an einem Beispiel.

I $\quad 2x + 4y - z = 7$

II $\quad 5x - y + 2z = 9$

III $\quad x - y - z = -4$

Ziel bei einem LGS ist es die Variablen nach und nach zu eliminieren.
Deswegen nehmen wir uns jetzt einfach mal die ersten beiden Gleichungen und eliminieren eine Variable.

I $\quad 2x + 4y - z = 7 \qquad | \cdot 2$

II $\quad 5x - y + 2z = 9$

I+II $\quad 9x + 7y = 23$

Und jetzt machen wir dasselbe noch mal, nur **nicht mit den selben
Gleichungen**. Allerdings müssen wir die **selbe Variable** eliminieren!

II $\quad 5x - y + 2z = 9$

III $\quad x - y - z = -4 \qquad | \cdot 2$

II + III $\quad 7x - 3y = 1$

So, damit hätten wir schon mal zwei Gleichung, bei denen wir nur
noch zwei Unbekannte haben. Und das können wir doch schon
lösen! :)

I+II $\quad 9x + 7y = 23 \qquad | \cdot 3$

II + III $\quad 7x - 3y = 1 \qquad | \cdot 7$

$_{(I+II)+(II+III)}$ $76x=76$ $|\div 76$

...und somit ist... $x=1$

Jetzt nicht vergessen auch noch gleich y zu berechnen!

$x=1 \rightarrow$ I+II $9\cdot 1+7y=23$ $|-9$

                $7y=14$ $|\div 7$

...und somit ist $y=2$

Und jetzt könnten wir x und y in eine der drei Anfangsgleichungen einsetzen und nach z auflösen.

$x=1, y=2 \rightarrow$ III $1-2-z=-4$ $|+1$

                $-z=-3$ $|\cdot(-1)$

                $z=3$

Am besten schreibt man am Ende noch mal das komplette Ergebnis hin: $x=1, y=2, z=3$

Es könnte natürlich gut sein, dass du jetzt beim ersten Durchlesen kein wirkliches „System" dahinter verstanden hast. Aber dafür gibt es jetzt eine

Zusammenfassung (3 Gleichungen, 3 Variablen)

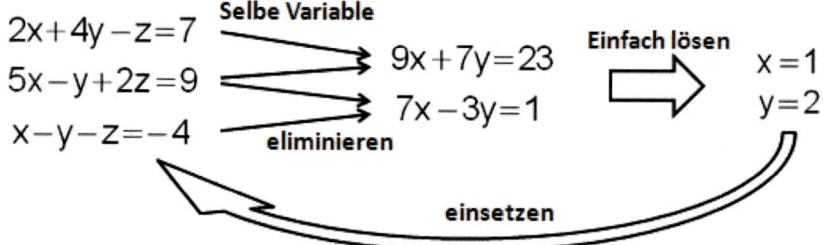

Du hast 3 Gleichungen mit 3 Variablen.

1. Such dir zwei Gleichungen aus und eliminiere eine Variable.
2. Eliminiere **die selbe Variable** mit zwei anderen Gleichungen.

3. Nun kannst du die resultierenden Gleichungen aus den ersten beiden Punkten komplett berechnen, weil beide Gleichungen nur noch zwei Variablen haben. Du erhältst also die Lösung für zwei Variablen.

4. Setze diese beiden Variablen in eine der drei Ausgangsgleichungen ein und löse nach der verbleibenden Variable auf.

Beachte:

1. Die römischen Ziffern vor den Gleichungen sind nur Bezeichnungen! Du könntest auch „a, b und c" oder auch einfach gar nichts hinschreiben. Ich würde dir aber für eine bessere Übersicht empfehlen die Gleichungen zu bezeichnen.

2. Im Schaubild wird aus den ersten beiden und aus den letzten beiden Gleichungen die erste Variable eliminiert. Es ist aber äußerst wichtig, dass du verstehst, dass dies nicht zwingend notwendig ist! Man könnte z.B. auch die erste und dritte Gleichung und die zweite und dritte Gleichung nehmen.

Übungen findest du auf Seite 35.

Funktionsgleichungen herleiten

Bevor es dazu kommt ein LGS zu lösen, muss man sich das LGS aus einem Text meistens selbst zusammenbasteln.

Hier eine *Beispielaufgabe*:

Eine zur y-Achse achsensymmetrische Parabel zweiten Grades verläuft durch den Punkt $P(-1\,|\,1{,}2)$ und besitzt bei $x = 2$ eine Steigung von $0{,}8$. Bestimmen Sie den Funktionsterm dieser Parabel.

Okay, wie gehen wir da vor? Wir fangen immer ganz allgemein an: Es geht um eine Parabel zweiten Grades, also können wir schreiben:

$f(x)=ax^2+bx+c$

Dann lesen wir aber, dass diese Parabel achsensymmetrisch zur y-Achse ist – was heißt das? → Sie darf bei x nur gerade Exponenten haben, also:

$f(x)=ax^2+c$

Somit bleiben nur noch zwei Variablen zu berechnen: a und c

Zwei Variablen bedeutet, dass wir zwei Gleichungen brauchen, um sie berechnen zu können. Diese zwei Gleichungen müssen wir jetzt aus der Aufgabenstellung entnehmen.

Zum einem steht da, dass die Parabel durch den Punkt $P(-1 \mid 1,2)$ verläuft. Diesen Punkt könnten wir schon mal einsetzen:

I $1,2=a\cdot(-1)^2+c$

Und die zweite Information aus der Aufgabe ist „besitzt bei x=2 eine Steigung von 0,8 ."

Doch wie packen wir das in eine Gleichung? Dazu muss man wissen, dass die Ableitung die Steigung angibt (schon mal gehört, wa!? :D). Und wenn da steht, dass die Steigung bei x=2 genau 0,8 beträgt, dann heißt das:

$f(x)=ax^2+c$ | ableiten

$f'(x)=2ax$ → gibt die Steigung an!

Somit ist die zweite Gleichung, die wir dem Text entnehmen können:

II $0,8=2a\cdot2$

Also noch mal übersichtlich die beiden Gleichungen:

I $1,2=a\cdot(-1)^2+c$

II $0,8=2a\cdot2$

So, und da haben wir jetzt ein lineares Gleichungssystem und das kann man einfach berechnen.

II $0,8=2a\cdot2$ | $\div4$

II $0,2=a$

Jetzt hätten wir a schon mal berechnet. Das könnten wir jetzt in die erste Gleichung einsetzen, um c zu berechnen.

$$a \rightarrow I \quad 1,2 = 0,2 \cdot (-1)^2 + c \qquad |-0,2$$
$$1 = c$$

Und das war's schon. Zum Schluss sollte man den vollständigen Funktionsterm nochmal hinschreiben und fertig:

$$f(x) = 0,2 x^2 + 1$$

Ich würde dir raten, dir die Schreibweise mit den römischen Ziffern vor einer Gleichung anzugewöhnen, weil sie für eine gute Übersicht sorgt und du somit nicht so leicht den Überblick verlierst.

> Die einzige Schwierigkeit bei diesen Aufgaben ist es die Bedingungen heraus zu lesen und in Gleichungen zu verpacken. Danach folgt einfach nur „rechnen" ;)

Deswegen ist es bei diesen Aufgaben wichtig, dass du viel übst, damit du es leicht hast eine Formulierung in eine Gleichung umzusetzen. Danach folgt – wie gesagt – nur das Lösen eines linearen Gleichungssystems.
Du solltest ein LGS also auf jeden Fall lösen können!

Ansonsten musst du dir nur noch Folgendes merken:

> Man braucht genau so viele Gleichungen bzw. Bedingungen, wie man Variablen zum bestimmen hat.

Das heißt, wenn eine Funktion dritten Grades gesucht wird, also $f(x) = ax^3 + bx^2 + cx + d$, dann gibt es **vier Variablen** zu bestimmen und somit brauchst du auch **vier Gleichungen**!

Hier noch eine Liste von ein paar Formulierungen und die Umsetzung davon in Gleichungen.

Formulierung	Gleichung
„Graph verläuft durch den Punkt $P(1\,|\,2)$ "	$2 = f(1)$
„Steigung bei $x = 4$ ist 2 "	$2 = f'(4)$
„Steigung im Punkt $P(1\,|\,3)$ ist 2 " aber somit ist auch ein Punkt angegeben, also	$2 = f'(1)$ $3 = f(1)$
„Extrempunkt bei $x = 5$ "	$0 = f'(5)$
„Wendepunkt bei $x = 3$ "	$0 = f''(3)$
„Graph berührt[1] die x-Achse bei $x = 2$ "	$0 = f(2)$ $0 = f'(2)$
„bei $x = 2$ parallel zur Gerade $y = 0,5 x$ " parallel heißt einfach, die selbe Steigung...	$0,5 = f'(2)$
„die Steigung im Wendepunkt $WP(2\,|\,3)$ beträgt 0,5 " Somit haben wir: 1. einen Wendepunkt bei $x = 2$ 2. da ist die Steigung 0,5 und 3. der Punkt selbst liegt auch auf der Funktion	$0 = f''(2)$ $0,5 = f'(2)$ $3 = f(2)$

---

1   Ganz wichtig! Wenn da etwas von „berühren" steht, dann kann man daraus meistens zwei Gleichungen herleiten! Im Bild hier rechts berührt der Graph die x-Achse bei x=2. Das nennt man dann auch **doppelte Nullstelle**.

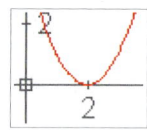

„horizontale Tangente bei $x=4$ " $0=f'(4)$

bedeutet einfach, dass die Steigung gleich Null ist

„Tangente mit der Steigung m=3 bei $x=1$ " $3=f'(1)$

„Sattelpunkt bei $x=3$ " $f'(3)=0$
                                                     $f''(3)=0$

So, das sind so die meisten Formulierung. Ich denke es ist klar geworden, dass

- man immer Punkte einsetzen kann.
- wenn es mit der Steigung zu tun hat, nimmt man die erste Ableitung.
- wenn es mit einem Wendepunkt zu tun hat, nimmt man die zweite Ableitung.
- „berühren" ein Wort ist, bei dem man zwei mal hinschauen muss, was es noch bedeuten könnte.

Jetzt, wo dir das alles klar ist, kannst du ja paar Aufgaben auf Seite 36 machen ;)

MENGENLEHRE

Kurz was dazu, weil dies leider nicht jedem klar ist und dann so Dinge wie n∈ℤ oder so nicht verstanden werden.

Es fängt an mit den natürlichen Zahlen ℕ . Das sind alle positiven ganzen Zahlen, also 1, 2, 3, 4, 5, …

Die nächste Stufe sind die ganzen Zahlen ℤ . Da kommen zu den natürlichen Zahlen noch die negativen ganzen Zahlen hinzu, also …-4, -3, -2, -1, 0, 1, 2, 3, 4...

Die nächste Stufe sind dann die rationalen Zahlen ℚ . Das hat wohl irgendwie etwas mit „rational" zu tun und das heißt so viel wie, dass das alle Zahlen sind, die man sich noch irgendwie vorstellen kann. Dazu gehören alle Zahlen, die man als Bruch angeben kann.

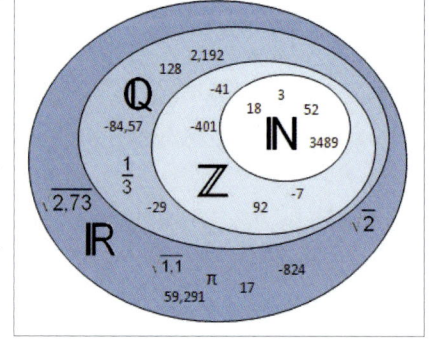

Die nächste und letzte Stufe sind dann die reellen Zahlen ℝ . Da könnte man sich denken, was es noch über die rationalen Zahlen hinaus geben könnte...!? Die Antwort: Das sind unendlich lange Zahlen, wie zum Beispiel Wurzeln, Pi oder die Euler´sche Zahl e. Diese kann man nämlich nicht als Bruch darstellen und ehrlich gesagt, kann man sie sich auch nicht so wirklich vorstellen.

Im Bild sieht man, dass jeweils die nächste Menge, die Zahlen der Mengen davor mit beinhaltet.

UNTERSCHIED ZWISCHEN PUNKT, STELLE UND WERT

Auch so eine Sache, die in der Schule nie explizit gesagt wird, sondern einfach erwartet. Und niemandem der Schüler ist aufgefallen, dass es da überhaupt einen Unterschied gibt...

Also, wenn es heißt „Berechnen Sie den ExtremPUNKT" (oder was für einen PUNKT auch immer), dann muss man eben den Punkt angeben. Das heißt, man braucht **sowohl den x-Wert als auch den y-Wert**, sodass man dann schreiben kann: P(x-Wert|y-Wert) ← das ist ein Punkt.

Wenn es heißt „Berechnen Sie die ExtremSTELLE" (oder was für eine STELLE auch immer), dann muss man **nur den x-Wert** angeben und braucht **nicht den y-Wert**, weil eine Stelle halt nur der x-Wert ist.

Und wenn es heißt „Berechnen Sie den ExtremWERT" (oder was für einen WERT auch immer), dann muss man **nur den y-Wert** angeben und braucht **nicht den x-Wert anzugeben**, weil ein Wert halt nur der y-Wert ist. Allerdings muss man dabei erwähnen, dass man **den x-Wert braucht**, um den y-Wert zu berechnen.

So, dann hätten wir das jetzt auch geklärt :)

Nachwort

Okay, das war alles, was ich dir beibringen wollte. Ich hoffe du konntest alles verstehen und fandest das Buch insgesamt sehr gut und auch ein wenig lustig erklärt. Ich wollte Mathe nicht so steif rüber bringen – hoffe es ist mir gelungen. :)

Falls du kurz vor dem Abitur stehst, empfehle ich dir einige Abituraufgaben der letzten Jahre zu rechnen. Da findest du auch einige auf meiner Homepage ;) Du hast jetzt alle Basics drauf, sodass du nach ein wenig Übung auch die schweren Aufgaben lösen kannst. ;) Dabei wünsche ich dir gutes Gelingen und hoffe, dass du vielleicht sogar ein wenig Spaß daran findest.

Also dann, von mir persönlich noch alles Gute und viel Erfolg!

Dario.

P.s.: Wenn du der Meinung bist, dass du Mathe nach dem Lesen dieses Buches besser verstehst, dann empfehle es doch einfach weiter, damit es auch anderen eine Hilfe sein kann. :)

STICHWORTVERZEICHNIS

Dario Bednarski

MATHE FÜR ANTIMATHEMATIKER
Analysis
Aufgaben & Lösungen

Bednarski, Dario: Mathe für Antimathematiker
Sersheim, September 2014

Alle Rechte am Werk liegen beim Autor:
Dario Bednarski
Dürer-Ring 17
74372 Sersheim

Ein Titeldatensatz für diese Publikation ist bei der Deutschen Nationalbiblio-
thek erhältlich.

2. Auflage

ISBN 978-3-00-047263-3

Druckerei
Druckerei WIRmachenDRUCK GmbH
Mühlbachstraße 7
71522 Backnang
Deutschland

Visuelle Darstellungen (Cover)
©iStock.com/Gile68
©bigstockphoto.com/Ivelin Radkov

INHALTSVERZEICHNIS

KURZ WAS VORAB...

Die Aufgaben sind alle so aufgebaut, dass am Anfang ein paar ganz leichte Aufgaben stehen, sodass man langsam aber sicher in das Thema hinein findet. Diese Aufgaben werden auch (meistens) glatt aufgehen. Je mehr Aufgaben du dann zu einem Thema machst, desto schwerer werden sie auch. Ich werde dir mit den Aufgaben vor allem auch die Angst vor Brüchen, Wurzeln, Logarithmen und anderen abstrakten Darstellungen einer Zahl nehmen.

Grund dafür ist, dass viele vor so etwas zurückschrecken und der Puls hoch geht, obwohl es sich einfach nur um eine Zahl handelt. Es ist doch egal, ob eine Aufgabe aus ganzen Zahlen besteht oder nur aus Brüchen, Wurzeln, Pi und anderem. Der Taschenrechner hat damit wirklich keine Probleme und deswegen solltest du damit auch keine haben ;)

RECHNEN

Rechnen mit „normalen" Gleichungen

Lineare Gleichungen

Aufgabe 1:

Löse die Gleichungen.

a) $5x = 10$

b) $3x = 9$

c) $2x + 8 = 16$

d) $7 = 5x - 3$

e) $2 + 6 = 8x$

f) $25 - 10x = 15$

g) $2x + 2 = x - 1$

h) $12x - 73 = 47$

i) $9x + 5 = -2x - 6$

j) $3x + 45 = -6x$

k) $0 = 7x + 21$

l) $4x + 0x = 64$

Aufgabe 2:

a) $\frac{1}{2}x = 5$

b) $\frac{1}{3}x = 7$

c) $\frac{2}{5}x = \frac{3}{5}$

d) $\frac{2}{3}x + \frac{5}{6} = \frac{1}{3} + \frac{5}{3}x$

e) $0{,}4 - \frac{2}{5} = x$

f) $0{,}125 = x + \frac{1}{8}$

g) $\frac{4}{7}x - 5 = 0$

h) $\frac{4}{5} + \frac{1}{2}x = \frac{3}{8}$

i) $2{,}75 - \frac{3}{4} = x + 1$

Aufgabe 3

Keine Angst vor Wurzeln oder Logarithmen...

a) $2x + \sqrt{\frac{4}{9}} = 1$

b) $\log_2(32) + x = 5x - 7$

c) $\log_5(125) \cdot x = 9 + 2x$

d) $6x = \sqrt[3]{27} - 3x$

e) $13x + \log_2(512) = \sqrt[4]{625} - 3x$

f) $\pi - \sqrt{64} = \pi x + 2 - \sqrt{100}$

Aufgabe 4

a) $\sqrt{2} \cdot \sqrt{8} \cdot x = 16$

b) $\log_3(15) + 7 = 2x$

c) $\log_\pi(e) - \sqrt{7}x = x + \frac{\pi}{2}$

d) $\sqrt[3]{\frac{2}{3}} + x - \left(\frac{2}{3}\right)^{\frac{1}{3}} = 1$

e) $17 - 2x = ex$

f) $39 + 2\pi x = \frac{1}{3}ex - \frac{25}{7}$

Quadratische Gleichungen

Aufgabe 1
Löse die Gleichungen mit Hilfe einer *Formel*.

a) $0 = x^2 + 2x + 1$

b) $0 = x^2 - 2x + 1$

c) $0 = x^2 - x - 2$

d) $-4 = x^2 + 4x$

e) $2x^2 = 20 - 6x$

f) $2 = 0.5x^2 + 1.5x$

g) $6.5x = x^2 + 3$

h) $4x^2 + 16x - 48 = 0$

i) $4.5 = 0.5x^2$

j) $2x = 2x^2 - 84$

k) $21 = 3x^2 - 21x$

l) $5x = x^2$

Aufgabe 2
Löse die Gleichungen, indem du *ausklammerst*.

a) $0 = x^2 - 5x$

b) $0 = 2x^2 - 8x$

c) $2x = x^2 - x$

d) $3x^2 + x = x^2 - 7x$

e) $2x^2 + x + 2 = 2$

f) $4x^2 - x = x - 4x^2$

Aufgabe 3
Löse die Gleichungen, indem du die *Wurzel* ziehst.

a) $0 = 2x^2 - 32$

b) $0 = x^2 - 49$

c) $3 - 2x^2 = x^2 - 45$

d) $0.5x^2 - 25 = -0.5x^2$

e) $9 + x^2 = 2x^2 - 16$

f) $4 = x^2$

Aufgabe 4
Löse die Gleichungen wie du Bock hast.

a) $5x - 13 = x^2 + 7x - 21$

b) $2x - 3x^2 = 5 - 2x^2 - 4x$

c) $7x - 2x^2 = 5x$

d) $-2x^2 + 52 = 3 - x^2$

e) $2x^2 + 3x - 0.75 = 5x - x^2 + 7$

f) $42 - 7x = 1 + x - x^2$

g) $64 - x^2 = 0.5x^2 + 32$

h) $12x + 2x^2 + x = 4x^2 - x$

Aufgabe 5

a) $\frac{1}{3}x^2 - 7x = \frac{6}{2}x$

b) $\frac{4}{7} - \sqrt{2}x^2 = 5x$

c) $\frac{13}{2}x + x^2 = 2x^2 - 7.31$

d) $\frac{52}{7} - 3.2 = 0.02x^2 + 5 - x^2$

e) $\frac{1}{7}x^2 + \sqrt[3]{5}x = 2$

f) $0.73x = \frac{5}{6}x^2 - \frac{2}{3}x + \log_3(32)$

g) $\frac{8}{9} + 0.4x - 1.529x^2 = 4.3x^2 + 4.3$

h) $3.278x^2 + 421x - 10.000 = \frac{15}{6}x^2$

i) $\frac{27}{4} + 0.25 - \frac{5}{6}x^2 = \frac{13}{2}x^2 - \pi x - 10$

j) $\sqrt{2}x^2 + \sqrt{3}x + \sqrt{4} = \sqrt{5}x^2 + \sqrt{6}x$

Substitution

Aufgabe 1

a) $0 = x^4 - 13x^2 + 36$

b) $0 = x^4 - 25x^2 + 144$

c) $0.5x^4 - 6.5x^2 + 18 = 0$

d) $0.25x^4 - 6.25x^2 + 36 = 0$

e) $-4x^2 = x^4 + 4$

f) $-0.5x^4 = 1.5x^2 - 2$

g) $16x^2 = 48 - 4x^4$

h) $10x^2 = x^4 + 24$

Aufgabe 2

a) $0.7x^4 + 2 = 5 - 6x^2 + x^4$

b) $5x^2 = 2 + 3x^4 - 7$

c) $0.3x^4 + 6 = 2x^2 - x^4 + 1$

d) $4 - 2x^2 = 4 - 2x^4$

e) $500 = x^4 - 12x^2 - 329$

f) $32x^2 + x^4 = 32 - x^4$

g) $0.1x^4 - 13x^2 - 0.6 = 0$

h) $8x^2 + x^4 - 3 = 4 - 7x^2 - 0.23x^4$

Aufgabe 3

a) $0.45x^2 + \frac{1}{3}x^4 = \frac{15}{7} - x^4 + 2x^2$

b) $\frac{3}{8} + \frac{4}{16}x^2 - \frac{42}{37}x^4 = \frac{25}{3}x^2 - 0.142x^4$

c) $2.32x^4 + \frac{4}{5} - 0.8 = -0.021x^2 + \frac{4}{3}$

d) $0.01 = \frac{63}{127}x^4 - \frac{12}{31}x^2$

e) $\frac{1}{13}x^4 - x^2 = 2000$

f) $75x^4 + 4 = 250x^2$

g) $x^2 - 0.71x^4 = 500$

h) $\frac{29}{31}x^4 = \frac{2}{7}x^4 + x^2 + \frac{24}{6}$

Ausklammern

Aufgabe 1

a) $0 = x^2 + x$

b) $0 = 2x^2 - 4x$

c) $0 = x^3 + 3x^2$

d) $0 = x^3 - 5x^2 - 6x$

e) $-2x^2 - 8x = x^3 + 3x^2 - 2x$

f) $x^4 + 2x^3 = 2x^3 - x^4$

g) $2x^2 + x = 0$

h) $5x = 2x^2 - x^3$

Rechnen, wenn das x im Nenner steht

Aufgabe 1

a) $\frac{4}{x}=2$

b) $\frac{8}{x}=8$

c) $\frac{14}{x}=7$

d) $\frac{2,4}{x^2}=0,6$

e) $\frac{2}{3}=\frac{24}{x^2}$

f) $5-\frac{2}{x}=3$

g) $\frac{27}{x}=x^2$

h) $\frac{\pi}{x}=\frac{x}{\pi}$

i) $\frac{1,25}{x}=0,25$

Aufgabe 2

a) $4x^{-2}=9$

b) $x-1=x^{-1}$

c) $0,5\,x^3-x=\frac{1}{x}$

d) $\frac{\frac{1}{3}}{x-\frac{1}{3}}=-x$

e) $\frac{2}{3}x^{-2}=5$

f) $23x-5=\frac{0,2}{x}$

g) $\frac{2}{x}-x^{-1}=\frac{1}{x}$

h) $0,004\,x+x^{-1}=\frac{4}{7}x$

Aufgabe 3

a) $\frac{8x}{x}=27x^3$

b) $\frac{4x}{2x^2}=2$

c) $\frac{6x}{2x^4}=\frac{5x^3}{3x^5}$

d) $\frac{0,5x^2}{x}=\frac{x}{0,5x^2}$

e) $\frac{2x^2}{8x^3}=\frac{x}{x^{-1}}-3$

f) $\frac{x^2}{x^{-1}}=\frac{2}{3}x$

g) $0,72\,x^{-1}=x-6$

h) $\frac{12}{x^2}-13x=0$

Rechnen, wenn das x oben steht

Aufgabe 1

a) $10^x=100$

b) $2^x=32$

c) $3^x=81$

d) $4^x=64$

e) $5^x=625$

f) $2^{x-1}=512$

g) $243=3^{5-x}$

h) $1024=4^{x^2+1}$

Aufgabe 2

a) $3.000 \cdot 1{,}03^x = 50.000$

b) $250 \cdot 1{,}07^x = 800$

c) $50 \cdot 0{,}8^x = 12$

d) $399 \cdot 0{,}98^x = 350$

e) $8 \cdot 2^{x^2 - 2x} = 8$

f) $e^{3x+7} = 5$

g) $80 \cdot 2^{x^3} = 100$

h) $e^x = e^7$

Rechnen mit Sinus/Kosinus/Tangens

Aufgabe 1

a) $\sin(\pi) = x$

b) $\sin\left(\frac{\pi}{2}\right) = x$

c) $x = \cos(2\pi)$

d) $\cos(\pi) = x$

e) $\cos\left(\frac{\pi}{2}\right) = x$

f) $\sin\left(\frac{3}{2}\pi\right) = x$

g) $x = \sin(0) + \cos(\pi)$

h) $x = 2\sin\left(\frac{\pi}{2}\right) - 3\cos(\pi)$

i) $x^2 = 4\sin\left(\frac{5}{2}\pi\right)$

Aufgabe 2

a) $\sin(x) = 0{,}5$

b) $\cos(x) = 0{,}8$

c) $\sin(x) = -\frac{1}{3}$

d) $\sin(x) = 1$

e) $\cos(x) = 2$

f) $\cos(x) = \frac{5}{7}$

Aufgabe 3

a) $\frac{1}{2}\sin(x) = 0{,}7$

b) $\cos\left(\frac{3}{2}x\right) - \frac{1}{3} = 0$

c) $1{,}7\cos(\pi x) = 1{,}7$

d) $\frac{3}{8}\cos(x^2) + 0{,}1 = \frac{1}{3}$

e) $\sin(x) = \cos\left(\frac{2}{3}\right)$

f) $3\cos\left(\frac{1}{x}\right) = \frac{8}{3}$

Aufgabe 4

a) $\sin(x^2 - x) = \frac{\pi}{4}$

b) $\sin(e^x) = 1$

c) $2\sin\left(\frac{\pi}{7}x + 3\right) + 2 = 3$

d) $\cos(-x) = \cos(x)$

Gleichungen aller Art

Bis jetzt habe ich dir ja sozusagen gesagt, was du anwenden musst, um die Gleichung zu lösen. Hier findest du noch paar Aufgaben, bei denen du selbst entscheiden musst, ob du ausklammerst, substituierst, …

Aufgabe 1

a) $3x - 0,5 = x^2 - 0,7x - 2$

b) $\frac{1}{x} = x + 5$

c) $16 = 2^x$

d) $13x = 2x + x^2$

e) $0,5 = \sin(x)$

f) $3e = e^{x+1}$

g) $1 = x^4 - 0,2x^2$

h) $2x + 5 = 6x - 7$

i) $x^2 = x^3$

j) $x^4 - x^3 = x^2$

Aufgabe 2

a) $0,2x = \frac{0,2}{x}$

b) $e^{x^2 - 8} = e$

c) $-\frac{1}{5}x^4 + 2,24 = -0,7x^2$

d) $e^x = -1$

e) $\cos(2x) + \frac{5}{4} = 1$

f) $0,5 = \frac{1}{x^2 - 3x + 1}$

g) $0 = \frac{0,75}{4x^2 - 3x - 3}$

h) $\frac{1}{\cos(x)} = 2$

i) $7 = 0,2e^{0,2x - 1}$

j) $\sin\left(\frac{\pi}{2}\right) \cdot x = \frac{32}{16}$

Visuelles vorstellen

Ganzrationale Funktionen

Aufgabe 1
Gib den Grad der Funktion an.

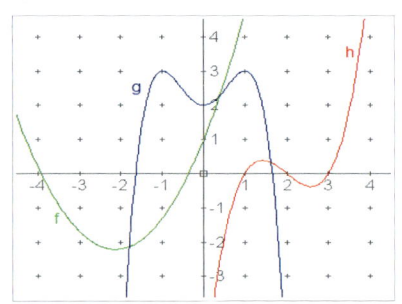 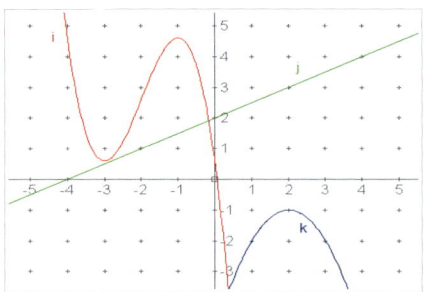

Aufgabe 2
Skizziere die Funktion und gib den y-Achsenabschnitt an.

a) $f(x)=x^2+2$

b) $g(x)=-\dfrac{1}{3}x^3+2x-1$

c) $h(x)=7x-5$

d) $i(x)=-x^2$

e) $j(x)=x^4-x^2+1$

f) $k(x)=-x^5$

Gebrochenrationale Funktionen

Aufgabe 1
Zeichne die folgenden Funktionen inkl. ihrer Asymptoten.

a) $f(x)=\dfrac{1}{x-2}+1$

b) $g(x)=-\dfrac{1}{x^2}+3$

c) $h(x)=\dfrac{2}{x-2}+1$

d) $i(x)=\dfrac{2}{x^2}-2$

e) $j(x)=-\dfrac{1,5}{x+3}-1$

f) $k(x)=\dfrac{1}{x}+\dfrac{1}{3}x$

Exponentialfunktionen

Aufgabe 1

Zeichne die folgenden Funktionen inkl. ihrer Asymptoten.

a) $f(x)=e^x-1$

b) $g(x)=-e^x+2$

c) $h(x)=e^{-x}-1$

d) $i(x)=-e^{-x}+2$

e) $j(x)=e^x-x$

f) $k(x)=e^{x-2}-2$

g) $l(x)=e^{x+1}+2$

h) $m(x)=e^{x-1}+1$

Aufgabe 2

Gib den Funktionsterm der Graphen an.

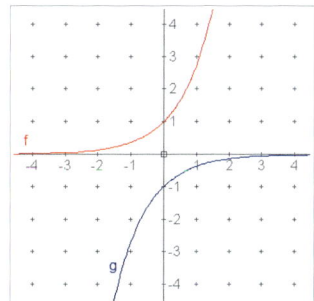
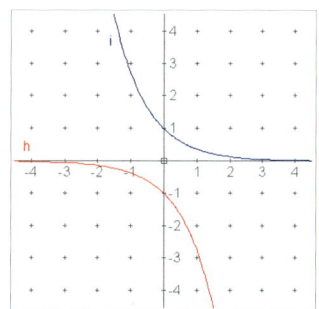

Trigonometrische Funktionen

Aufgabe 1

Skizziere folgende Funktionen im Intervall $[-2;7]$ ohne dir eine Wertetabelle zu machen.

a) $f(x)=\sin(x)+1$

b) $g(x)=\cos(x)-2$

c) $h(x)=-\sin(x)$

d) $i(x)=\sin(2x)+3$

e) $j(x)=-\cos(x)+1$

f) $k(x)=-2\sin(2x)+2$

g) $l(x)=0,5\cos(0,5x)+1,5$

h) $m(x)=1,5\sin(2x)-1$

Aufgabe 2
Gib den Funktionsterm der Graphen an.

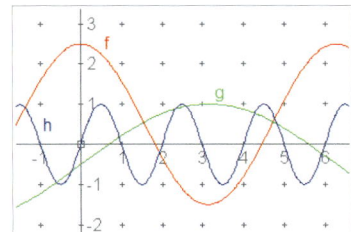
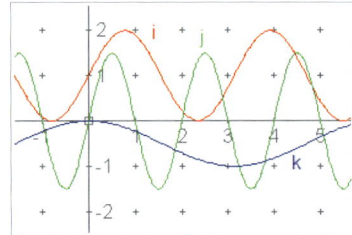

Wurzelfunktionen

Aufgabe 1
Zeichne die folgenden Funktionen. Versuch' es erst mal ohne Wertetabelle und dann mit.

a) $f(x)=\sqrt{x}$ f) $k(x)=\sqrt{x}-3$

b) $g(x)=0{,}5\sqrt{x}$ g) $l(x)=\sqrt{x+1}$

c) $h(x)=3\sqrt{x}$ h) $m(x)=\sqrt{x+1}-2$

d) $i(x)=\sqrt{x-2}$ i) $n(x)=\sqrt{x}+x$

e) $j(x)=\sqrt{x+2}$ j) $o(x)=\sqrt{x+2}+x$

Aufgabe 2
Versuch' den Funktionsterm anhand der Zeichnung abzulesen.

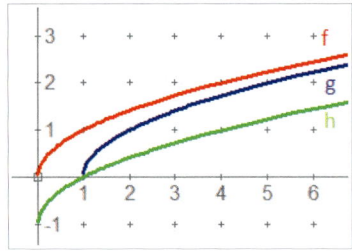
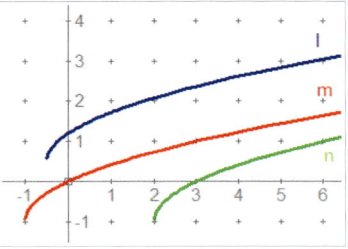

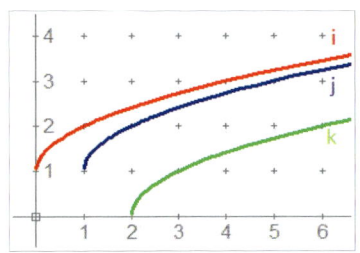
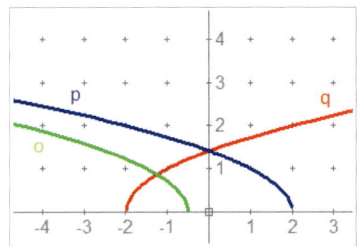

MATHE

Lineare Funktionen

Aufgabe 1
Zeichne die Funktionen.

a) $f(x)=x+1$

b) $g(x)=2x-3$

c) $h(x)=-\dfrac{1}{2}x+3$

d) $i(x)=4-\dfrac{1}{3}x$

e) $j(x)=2{,}5-\dfrac{1}{4}x$

f) $k(x)=\dfrac{1}{8}x$

g) $l(x)=\dfrac{3}{2}x-1{,}5$

h) $m(x)=3-\dfrac{3}{4}x$

Aufgabe 2
Gib die Steigung m und den y-Achsenabschnitt b an.

a) $f(x)=7{,}321x-\dfrac{27}{3}$ b) $g(x)=402{,}21-ex$ c) $h(x)=4$

Aufgabe 3
Gib den Funktionsterm der Funktion f mit $f(x)=mx+b$ an. Sie geht durch die Punkte.

a) $A(1\,|\,2)$ und $B(3\,|\,0)$

b) $C(1\,|\,3)$ und $D(2\,|\,7)$

c) $E(-2 \mid 1)$ und den Ursprung S

d) $G(5 \mid 8)$ und $H(-1 \mid -4)$

e) $P\left(\dfrac{1}{3} \mid \dfrac{3}{4}\right)$ und $Q\left(\dfrac{2}{7} \mid \dfrac{5}{8}\right)$

Aufgabe 4

Versuch den Funktionsterm abzulesen.

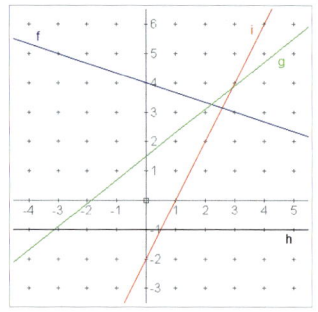 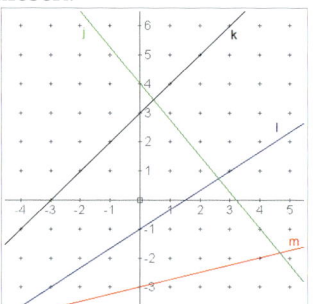

Ableitungen

Aufgabe 1

Leite die Funktionen DREI mal ab.

a) $f(x) = x^5$

b) $g(x) = 3x^3 - x^2 + 5$

c) $h(x) = -3x^7 + 4x^5 - 2x^3 + x$

d) $i(x) = e^x$

e) $j(x) = \sin(x)$

f) $k(x) = -\cos(x)$

g) $l(x) = \sqrt{x}$

h) $m(x) = \dfrac{1}{x}$

Aufgabe 2

a) $f(x) = -\dfrac{3}{2x}$

b) $g(x) = \dfrac{e}{x}$

c) $h(x) = -\dfrac{1}{2\sqrt{x}}$

d) $i(x) = \dfrac{3x}{e}$

e) $j(x) = \dfrac{3}{x^3}$

f) $k(x) = -\dfrac{1}{x^{-1}}$

g) $l(x) = -\dfrac{\sin(x)}{2}$

h) $m(x) = -\dfrac{2}{x^4}$

Aufgabe 3

a) $f(x)=0{,}2e^x$

b) $g(x)=3e^x+x$

c) $h(x)=e\cdot e^x-ex$

d) $i(x)=\dfrac{1}{e}e^x-\dfrac{e}{x}$

e) $j(x)=e^x-\cos(x)$

f) $k(x)=2\sin(x)-3\cos(x)-e$

g) $l(x)=x^2-2e^x+\dfrac{4}{x^3}-\sqrt{x}$

h) $m(x)=x-2x^{-4}+\dfrac{1}{3x}$

Aufgabe 4

Bisher konntest du mit den „normalen" Ableitungsregeln ableiten. In dieser Aufgabe, wirst du die **Kettenregel** anwenden müssen. Leite ein mal ab.

a) $f(x)=\sin(2x)$

b) $g(x)=e^{0{,}5x}$

c) $h(x)=(x-2)^7$

d) $i(x)=\sqrt{2x}$

e) $j(x)=0{,}7\cos(7x)$

f) $k(x)=3e^{5x}$

g) $l(x)=e^{-x}$

h) $m(x)=e^{5x^2}$

Aufgabe 5

Und das ganze noch mal mit der **Produktregel** :)

a) $f(x)=x\cdot e^x$

b) $g(x)=e^x\cdot x^2$

c) $h(x)=x^3\cdot\cos(x)$

d) $i(x)=\sqrt{x}\cdot e^x$

e) $j(x)=2e^x\cdot(-\sin(x))$

f) $k(x)=\dfrac{e}{3x^3}\cdot\pi\cos(x)$

g) $l(x)=5x^3\cdot0{,}4e^x+x^2$

h) $m(x)=x^{-3}+0{,}5\sin(x)\cdot2x$

Aufgabe 6

Und noch mal mit der **Quotientenregel.**

a) $f(x)=\dfrac{e^x}{x}$

b) $g(x)=\dfrac{\sin(x)}{2x}$

c) $h(x)=\dfrac{4x^2+x}{\cos(x)}$

d) $i(x)=\dfrac{e^{2x}}{-\cos(2x)}$

e) $j(x)=\dfrac{2x-5x^3+e^x}{e^x-\sin(x)+\cos(x)}$

f) $k(x)=\dfrac{\sin(x)}{\cos(x)}$

g) $l(x)=\dfrac{\sqrt{x}}{x}$

h) $m(x)=\dfrac{1}{x}$

Definitionsbereich

Aufgabe 1

Gib den Definitionsbereich an.

a) $f(x)=x^2$

b) $g(x)=2^x$

c) $h(x)=2\sin(x)-3$

d) $i(x)=2\sqrt{0,2x}$

e) $j(x)=2x-7+\dfrac{5}{2-x}$

f) $k(x)=5-\dfrac{4}{2x}$

g) $l(x)=\sin\left(x+\dfrac{2}{3}\right)-\pi$

h) $m(x)=\dfrac{3}{x^2-6x-7}$

Wertebereich

Aufgabe 1

Gib den Wertebereich an.

a) $f(x)=\dfrac{1}{3}x^2-2$

b) $g(x)=\sqrt{x}$

c) $h(x)=e^x$

d) $i(x)=5-0,7e^x$

e) $j(x)=\sin(x)$

f) $k(x)=\cos(x)-2$

g) $l(x)=3-0,1x^2$

h) $m(x)=\sqrt{x}+3$

Symmetrie

Aufgabe 1

Gib an: Punktsymmetrie zum Ursprung, Achsensymmetrie zur y-Achse oder nichts von beidem.

a) $f(x)=3x^3+x$

b) $g(x)=2x^2+4x-7$

c) $h(x)=3x^4+2x^2-0x$

d) $i(x)=e^x+2x$

e) $j(x)=\sin(2x)$

f) $k(x)=\cos(x)+3,5$

g) $l(x)=2x+\dfrac{1}{x}$

h) $m(x)=3x^5-2x^3+x+2$

Verhalten gegen Unendlich

Aufgabe 1

Untersuche das Verhalten der Funktionen gegen $+\infty$ und $-\infty$.

a) $f(x)=x^3+x^2$

b) $g(x)=x-2x^4$

c) $h(x)=2-4x+2x^2$

d) $i(x)=3x+5x^5-x^6$

e) $j(x)=-x^5+999.999x^4$

f) $k(x)=e^x$

g) $l(x)=2-e^x$

h) $m(x)=\dfrac{1}{x}$

Aufgabe 2

a) $f(x)=e^x-x^5$

b) $g(x)=\sin(x)+x$

c) $h(x)=\cos(2x)-x^2$

d) $i(x)=\sqrt{x}$

e) $j(x)=\ln(x)$

f) $k(x)=-x^{-2}-2$

g) $l(x)=x^{-1}+x$

h) $m(x)=x^2-\dfrac{1}{x^2}+e$

y-Achsenabschnitt

Aufgabe

Berechne den y-Achsenabschnitt.

a) $f(x)=2x+2$

b) $g(x)=4x^2-3x+7$

c) $h(x)=3^x$

d) $i(x)=\sin(x)$

e) $j(x)=\cos(x)+1$

f) $k(x)=\dfrac{1}{x}$

g) $l(x)=\sqrt{x}$

h) $m(x)=\ln(x)$

Nullstellen

Aufgabe 1

a) $f(x)=x^2+5x+6$

b) $g(x)=0.5x^2+\dfrac{1}{2}x+-6$

c) $h(x)=2x-4$

d) $i(x)=\dfrac{3}{10}x^4-3,9x^2+10,8$

e) $j(x)=e^{-x}-e$

f) $k(x)=e^{x^2}-e^4$

g) $l(x)=0,7\sqrt{x-5}$

h) $m(x)=\dfrac{\sqrt{x+2}}{32}$

Aufgabe 2

a) $f(x) = 2x^2 - 3{,}5x - 1$

b) $g(x) = \dfrac{3}{2}x - 1$

c) $h(x) = -\dfrac{1}{3}x^2 - 12$

d) $i(x) = 2x^3 - 3x^2$

e) $j(x) = 0{,}1 - x^2 + 0{,}4x^4$

f) $k(x) = \sin(x - 1)$

g) $l(x) = \dfrac{2}{5}x - x^2$

h) $m(x) = \cos(x)$

Aufgabe 3

a) $f(x) = e^x - 1$

b) $g(x) = \ln(2)x - 7$

c) $h(x) = \dfrac{2}{x} - 3$

d) $i(x) = \sqrt{x}$

e) $j(x) = \dfrac{2}{7}\sqrt{x}$

f) $k(x) = \dfrac{8}{5} - e^{2x}$

g) $l(x) = \dfrac{3}{4}x^{-3} + e$

h) $m(x) = \dfrac{1}{2}x^2 - x^4 + 3$

Extrempunkte

Aufgabe 1

Berechne die Extrempunkte und gib an, ob es sich um einen Hoch-
oder einen Tiefpunkt handelt.

a) $f(x) = x^2 - 6x + 1$

b) $g(x) = x^3 - 2x$

c) $h(x) = x^4 - 2x^3 - 6x^2 + 1$

d) $i(x) = -2x^3 + x^2 + 4x - 7$

e) $j(x) = -2x^3 + x^2 - x + 3$

f) $k(x) = x^5 - x^4 - x^3$

g) $l(x) = x^5 + x^4 + x^3$

h) $m(x) = 2x^2 - x + 4$

Aufgabe 2

a) $f(x) = e^x$

b) $g(x) = \sqrt{x}$

c) $h(x) = \dfrac{1}{x}$

d) $i(x) = \sin(x)$

e) $j(x) = \cos(x)$

f) $k(x) = 0{,}6x^3 - \dfrac{2}{5}x^2 + 0{,}24x$

g) $l(x) = -\log_2(5)x^3 - x^2 + 6x$

h) $m(x) = x^{-2} + x$

Wendepunkte

Aufgabe 1

Gib die Wendepunkte an und ob es sich um einen links-rechts oder rechts-links Wendepunkt handelt.

a) $f(x)=4x^4-x^3$

b) $g(x)=2x^3+x^2-x$

c) $h(x)=2x$

d) $i(x)=0,5x^2+2x$

e) $j(x)=x^5-x^4+x^3$

f) $k(x)=2x^7-x^5+x^3$

g) $l(x)=0,5x^6-x^4-2x^2$

h) $m(x)=-x^4+2x^3+3x^2-x$

Aufgabe 2

a) $f(x)=e^{x^2}$

b) $g(x)=\sin(x)$

c) $h(x)=\cos(x)$

d) $i(x)=\sqrt{x}$

e) $j(x)=x^3$

f) $k(x)=2\sin(2x)+1$

g) $l(x)=x^2+\sqrt{x}$

h) $m(x)=-x^3+x$

Kurvendiskussion

So, jetzt darfst du mal eine komplette Kurvendiskussion machen: Definitionsbereich, Wertebereich, Symmetrie, Verhalten gegen Unendlich, y-Achsenabschnitt, Nullstellen, Extrempunkte, Wendepunkte, Skizze.

a) $f(x)=x^3-2x$

b) $g(x)=e^x-e$

c) $h(x)=\dfrac{1}{x+1}+1$

Tangente und Normale

Aufgabe 1

Gib den Funktionsterm der Tangente und der Normalen an.

a) $f(x)=-x^3+3x$ bei $x=3$

b) $g(x)=0,5x^2-2x+1$ bei $x=-1$

c) $h(x)=x^4-3x^2-x+1$ bei $x=-1,5$

d) $i(x)=e^x-1$ bei $x=0$

e) $j(x)=\sin(x)$ bei $x=2$

f) $k(x)=\sqrt{x}$ bei $x=1$

Aufgabe 2

a) $f(x)=e^{x^2}$ bei $x=1,5$

b) $g(x)=0,5\cos(x)+1$ bei $x=\dfrac{\pi}{2}$

c) $h(x)=\dfrac{1}{x^2}+x$ bei $x=2$

d) $i(x)=e^x-2x$ bei $x=-1$

e) $j(x)=2x\cdot\sin(2x)$ bei $x=2$

f) $h(x)=\dfrac{1}{x}+\dfrac{1}{x^2}+\dfrac{1}{x^3}$ bei $x=-2$

Stammfunktionen

Aufgabe 1

Bilde eine allgemeine Stammfunktion.

a) $f(x)=x^2$ e) $j(x)=0,5x^2-x$

b) $g(x)=2x^3$ f) $k(x)=5x^4-x^2$

c) $h(x)=5$ g) $l(x)=-0,2x^5$

d) $i(x)=4x+7$ h) $m(x)=0,25x^3$

Aufgabe 2

a) $f(x)=\dfrac{1}{3}x^2-2x+e$ d) $i(x)=5x^4-\dfrac{4}{7}x^3+0,05x^2$

b) $g(x)=0,1x^4+\dfrac{2}{x^3}-x$ e) $j(x)=\sin(x)$

c) $h(x)=0,5x^3-x+2$ f) $k(x)=-2\cos(x)$

Aufgabe 3

a) $f(x)=\dfrac{1}{x}$ e) $j(x)=x^{\frac{2}{3}}$

b) $g(x)=\dfrac{2}{x^2}$ f) $k(x)=\sqrt[3]{x^2}$

c) $h(x)=4\cdot\dfrac{1}{x^2}+5$ g) $l(x)=e^{x-3}$

d) $i(x)=\dfrac{1}{2\sqrt{x}}$ h) $m(x)=e^x$

Aufgabe 4

a) $f(x)=e^{2x}$

b) $g(x)=e^{0,5x}$

c) $h(x)=e^{x^2}$

d) $i(x)=e^{\frac{1}{3}x}+3x^2$

e) $j(x)=\sin(2x)$

f) $k(x)=\cos(0,2x)$

g) $l(x)=\sin(3x)+2$

h) $m(x)=e^{2x}+\sin(0,5x)$

Flächen und Funktionen

Ober – und Untersumme

Aufgabe 1

a) Berechne die Untersumme der Funktion $y=-0,2x^2+5$, wie im rechten Schaubild skizziert.

b) Skizziere die Obersumme ins Schaubild und berechne sie anschließend. Die Breite eines Rechtecks sei 1 LE.

c) Bestimme den Mittelwert aus Ober- und Untersumme.

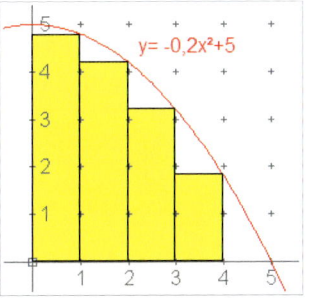

Aufgabe 2

Im Schaubild ist ein Abschnitt der Funktion $y=\sqrt{x}$ abgebildet. Berechne die Fläche im Intervall $[0;1,5]$ mit Hilfe der Ober- **und** Untersumme und einer Rechtecksbreite von 0,5 LE.

Im Schaubild ist nur die Obersumme zu sehen.

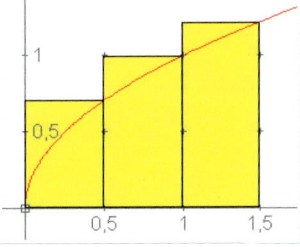

Aufgabe 3

Im Schaubild rechts ist ein Abschnitt der Funktion $y=\frac{2}{7}x^2+\frac{1}{2}$ zu sehen.

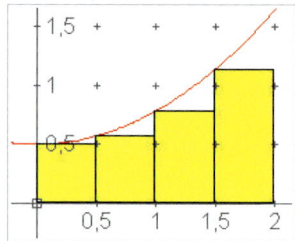

Bestimme die Fläche zwischen der Funktion und der x-Achse im Intervall $[0;2]$ mit Hilfe der Ober- und Untersumme möglichst genau. Verwende eine Rechtecksbreite von 0,5 LE.

Im Schaubild ist nur die Untersumme zu sehen.

Aufgabe 4

Zeichne folgende Funktionen im Intervall $[0;3]$ in ein Koordinatensystem. Zeichne anschließend sowohl die Unter- als auch die Obersumme mit einer Balkenbreite von 0,5cm ein und berechne diese.

Gib den Inhalt der Fläche zwischen der Funktion und der x-Achse im Intervall $[0;3]$ möglichst genau an (Mittelwert von Ober- und Untersumme).

a) $f(x)=\frac{1}{10}e^x$ d) $i(x)=\frac{2}{7}e^{x-1}$

b) $g(x)=\sin(x)$ e) $j(x)=2\cos(\frac{1}{2}x)$

c) $h(x)=\frac{1}{8}x^2+\frac{2}{3}$ f) $k(x)=-0,2x^2+\frac{9}{5}$

Zwischen Graph und x-Achse

Aufgabe 1

Berechne die Fläche von $x=0$ bis $x=3$ zwischen der Funktion und der x-Achse.

a) $f(x)=2x^2+0,5$ c) $h(x)=\sin(x)$
b) $g(x)=e^x$ d) $i(x)=\sqrt{x}$

Aufgabe 2
Berechne die Fläche.

a) $A = \int_0^2 x^2 + 1 \, dx$ c) $A = \int_0^3 0{,}5x + 3 \, dx$

b) $A = \int_0^3 x^3 - x \, dx$ d) $A = \int_0^7 0{,}1x^2 + 3x \, dx$

Aufgabe 3
Berechne die Fläche zwischen dem Graphen und der x-Achse im Intervall $[-1;4]$.

a) $f(x) = -2x - 3$ e) $j(x) = e^x$

b) $g(x) = -x^2 - 1$ f) $k(x) = \sin(x) + 1$

c) $h(x) = \dfrac{1}{5}x^2 - \dfrac{3}{5}x - \dfrac{4}{5}$ g) $l(x) = x - \dfrac{1}{10}e^x + 2$

d) $i(x) = 0{,}1x^3 - 0{,}2x + 1$ h) $m(x) = 0{,}2e^x - x - 8$

Zwischen zwei Graphen

Aufgabe 1
Berechne die Fläche zwischen den beiden Graphen im Intervall $[2,3]$.

a) $f(x) = (x-2)^3$ d) $f(x) = -0{,}5x^2$
  $g(x) = e^{x-2}$ $g(x) = -1$

b) $f(x) = 3$ e) $f(x) = -e^x$
  $g(x) = \dfrac{1}{5}x$ $g(x) = -x^5$

c) $f(x) = \dfrac{1}{2\sqrt{x}} + 1$ f) $f(x) = \sin(x) + 1$
  $g(x) = x^3 - 6x^2 + 12x - 8$ $g(x) = \sin(x)$

Flächen über und unter der x-Achse

Aufgabe 1
Berechne die markierten Flächen.

a) $f(x) = 0{,}5x^2 - 0{,}5$ b) $g(x) = e^{x+4} - 1$ c) $h(x) = \sin(x)$

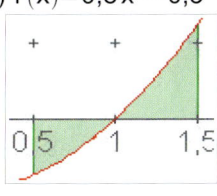
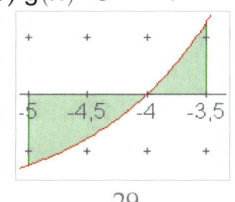
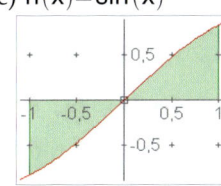

Aufgabe 2

Gib den Flächeninhalt der markierten Fläche an.

a) $f(x)=x^2-12x+35$ b) $f(x)=\frac{1}{9}x^3-\frac{2}{3}x^2+\frac{1}{3}x+\frac{10}{9}$ c) $f(x)=-\sin(x)$

   $g(x)=7-x$ $g(x)=-x^2+7x-10$

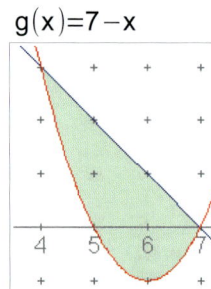
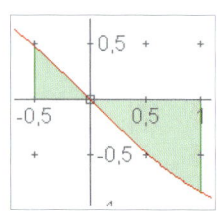

Aufgabe 3

Berechne die Fläche zwischen dem Graphen der Funktion und der x-Achse im angegebenen Intervall. Beachte, dass sich in diesem Intervall eine Nullstelle befindet! Gib auch sie an.

a) $f(x)=x^2-3x+1$ $[2;3]$ d) $i(x)=e^x-3$ $[0;2]$

b) $g(x)=x^4-3x^2$ $[1;2]$ e) $j(x)=2\sin(0,5x)$ $[3;8]$

c) $h(x)=\frac{1}{x^2}-1$ $[0,5;2]$ f) $k(x)=-\frac{1}{3}x^3+\frac{2}{7}x^2+\frac{1}{2}x$ $[-2;0]$

„Unendliche Flächen"

Aufgabe 1

Du sollst einfach nur die Fläche berechnen…**Tipp:** $\frac{1}{\sqrt{x}}=x^{-\frac{1}{2}}$

a) $A(t)=\int_t^3 -\frac{1}{x^2}\ dx$ e) $A(t)=\int_t^0 e^x\ dx$ [1]

   $t\to 0$ $t\to -\infty$

b) $A(t)=\int_t^2 \frac{3}{x^2}\ dx$ f) $A(t)=\int_2^t e^{-\frac{1}{2}x}\ dx$

   $t\to 0$ $t\to +\infty$

---

1   Hier kann man die 0 als Grenze stehen lassen, weil sie zum Definitionsbereich von e^x gehört.

c) $A(t)=\int_{t}^{-2} -\frac{1}{x^3}+2 \ dx$ g) $A(t)=\int_{2}^{t} \frac{1}{(x+1)^2} \ dx$

$t \to -\infty$ $t \to +\infty$

d) $A(t)=\int_{4}^{t} \frac{1}{x^3} \ dx$ h) $A=\int_{t}^{9} \frac{2}{\sqrt{x}} \ dx$

$t \to +\infty$ $t \to 0$

Extremwertaufgaben

Aufgabe 1

Bauer Alfred expandiert und hat sich 50 neue Hühner gekauft, die er nun irgendwo unterkriegen muss. In seiner Scheune findet er 40m Maschendrahtzaun. Da der Rest seines Bauernhofes rechteckig angeordnet ist, soll auch das neue Hühnergehege rechteckig sein.

Wie lang müssen die Seiten des Hühnergeheges sein, damit die Fläche maximal wird?

Welche Fläche hat das Hühnergehege dann?

Zusatz: Man sagt, dass man pro Huhn mit 2m² rechnen soll, damit sie glücklich sind.[2] Werden die neuen Hühner von Bauer Alfred glücklich sein?

Aufgabe 2

Gegeben ist die Funktion f mit $f(x)=4-x^2$. Diese Funktion schließt mit der x-Achse ein achsenparalleles und zur y-Achse achsensymmetrisches Rechteck ein. Gib den maximal möglichen Flächeninhalt an?

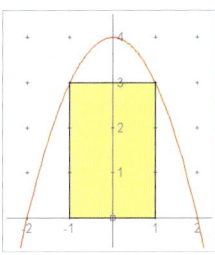

Aufgabe 3

Eine Firma stellt Dosen her. Diese haben die Form eines Zylinders. Der Oberflächeninhalt ist fest vorgegeben und soll 50cm² betragen. Wie sind der Radius r und die Höhe h des Zylinders zu wählen, damit das Volumen maximal wird? Welches Volumen kann die Dose maximal haben?

2   Das habe ich mir jetzt einfach mal so ausgedacht...

Aufgabe 4

Gegeben ist die Funktion f mit $f(x)=10-0,5x$.
Ein zu den Achsen paralleles Rechteck soll unter der Funktion den maximalen Flächeninhalt haben. Wie sind dafür die Seiten zu wählen?

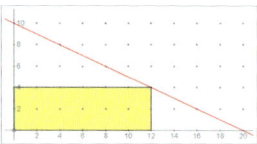

Aufgabe 5

Eine Streichholzschachtel soll 6cm lang sein und ein Volumen von 96cm³ haben. Wie sind Breite und Höhe zu wählen, sodass bei der Herstellung möglichst wenig Material verbraucht wird.

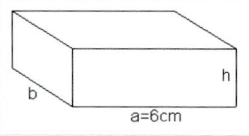

Aufgabe 6

Das Bild rechts soll eine Blumenvase darstellen (...lach nicht! :D). Das heißt, dass oben kein Deckel drauf ist. Sie besteht aus einem Mantel und einer Halbkugel. Die Außenfläche dieser Vase soll 400cm² betragen.
Bestimme den Radius r und die Höhe h so, dass das Volumen maximal wird. Gib anschließend das maximale Volumen in Liter an.

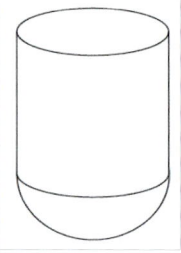

Randwertbetrachtung

Aufgabe 1

Gegeben ist die Funktion f mit $f(x)=(x-3)^2+2,5$, wobei $0\leq x\leq 3$ gelten soll. Nun sollst du das Rechteck mit dem größten Flächeninhalt bestimmen, das zu den Achsen parallel ist, der Ursprung eine Ecke abbildet und der Punkt $P(x_0\,|\,f(x_0))$ die gegenüberliegende Ecke.

Aufgabe 2

Die Summe zweier natürlicher Zahlen soll 100 ergeben. Bestimme die beiden Zahlen so, dass ihr Produkt möglichst klein wird.

Rotationsvolumen

Aufgabe 1

Gib das Volumen durch Rotation um die x-Achse *und* um die y-Achse im angegebenen Intervall an.

a) $f(x)=\dfrac{1}{20}x^2+5$ $[-8;10]$ c) $i(x)=\dfrac{1}{10}x^2+1$ $[2;8]$

b) $g(x)=x^2$ $[0;3]$ d) $h(x)=\sqrt{2x}$ $[1;2]$

Aufgabe 2

Gib das Volumen durch Rotation um die x-Achse im angegebenen Intervall an.

a) $f(x)=x^3+1$ $[1;2]$ d) $i(x)=-x^2+x+4$ $[0;2]$

b) $g(x)=e^x$ $[0;1]$ e) $j(x)=-0{,}01x^2+1$ $[0;10]$

c) $h(x)=\sqrt{\pi x}$ $[0;5]$ f) $k(x)=0{,}025x^7+5$ $[0{,}3;3{,}5]$

Funktionsgleichungen herleiten

Lineare Gleichungssysteme

Aufgabe 1

a) $5=y+\dfrac{1}{3}x$ c) $x-y=2$ e) $\dfrac{7}{8}x+\dfrac{1}{2}y=-1{,}5$

  $7=x+y$ $5x-y=-2$ $-\dfrac{15}{4}x+3y=27$

b) $0{,}5a-1=b$ d) $y-\dfrac{1}{2}x=0$ f) $\dfrac{1}{9}x-\dfrac{1}{3}y=-\dfrac{4}{3}$

  $-0{,}5a+5=b$ $y-\dfrac{3}{4}x=1$ $\dfrac{8}{3}x+2y=18$

Aufgabe 2

a) $2a+5b=7$ e) $\dfrac{2}{3}x+\dfrac{4}{7}=y$ i) $1{,}5x+2y=5-x$

  $-4a-b=5$ $y=\dfrac{1}{5}x-2{,}3$ $y+3=y-x$

b) $7x+9y=4$ f) $2=3x+4y$ j) $5x+2-y=4y$

  $x-y=0$ $4y-2=-3x$ $3x=4+y-x$

c) $3=1,5r+2s$ g) $7a-5b=0$ k) $2,5x-7,4y=0$
    $5r=2s$ $5a-7=2a$ $4x=7y$

d) $3x-y=8$ h) $5x+2x=7$ l) $6,1=2,4y+x$
    $3+2x=7-y$ $3y+2=x$ $2=0,7+4,8y$

Funktionsgleichungen herleiten

Aufgabe 1

Bestimme den Funktionsterm einer ganzrationalen Funktion zweiten Grades, die durch die gegebenen Punkte geht.

a) $A(-1\,|\,0)$ $B(0\,|\,-1)$ $C(1\,|\,0)$ b) $A(0\,|\,0)$ $B(1\,|\,0)$ $C(2\,|\,3)$

c) $A(1\,|\,3)$ $B(-1\,|\,2)$ $C(3\,|\,2)$ d) $A(-1\,|\,-9)$ $B(1\,|\,7)$ $C(2\,|\,21)$

Aufgabe 2

Wieder geht es um eine ganzrationale Funktion zweiten Grades. Sie hat einen Extrempunkt bei $E(-1\,|\,4)$ und verläuft noch durch den Punkt $P(-4\,|\,5)$. Du sollst den Funktionsterm bestimmen.

Aufgabe 3

Bestimme den Funktionsterm einer ganzrationalen Funktion dritten Grades, die

a) bei $E(3\,|\,-8)$ einen ihrer Extrempunkte und bei $W(0\,|\,0)$ einen Wendepunkt hat.

b) einen Extrempunkt bei $E_1(2\,|\,23)$ und einen bei $E_2(4\,|\,19)$ hat.

Aufgabe 4

Bestimme den Funktionsterm einer ganzrationalen Funktion dritten Grades, die durch die Punkte $A(2\,|\,0)$, $B(-2\,|\,4)$ und $C(-4\,|\,8)$ verläuft und einen Hochpunkt auf der y-Achse hat.

Aufgabe 5

Bestimme den Term einer ganzrationalen Funktion vierten Grades, die bei $x=1$ und $x=5$ eine Nullstelle hat, bei $x=1$ einen Wendepunkt mit waagrechter Tangente und durch den Punkt $P(3\,|\,5)$ geht.
Zeichne den Graphen und bestimme das absolute Maximum.

Aufgabe 6

Ein Polynom 4. Grades hat einen Sattelpunkt bei $S(0|4)$. Bei $x_1=2$ berührt sie die Gerade mit der Funktionsgleichung $t(x)=4x-8$. Bestimme die Funktionsgleichung $f(x)$ der gesuchten Funktion.

3 Gleichungen, 3 Variablen

Aufgabe 1

a) $6x+3y-7z=4$
$\quad 8x-6y+9z=2$
$\quad -8x+8y+2z=28$

b) $-3x-7y+8z=-4$
$\quad -4x+y-3z=-39$
$\quad -7x+3y-5z=-59$

c) $-9x-5y-3z=-13$
$\quad -9x-8y+z=41$
$\quad 5x+7y+2z=-33$

d) $-7x-9y-4z=-99$
$\quad -9x+10y+2z=-27$
$\quad 4x+6y+z=48$

e) $-7a+5b+4c=56$
$\quad -5a+5b-8c=-46$
$\quad a+7b+10c=12$

f) $-3a+8b-7c=40$
$\quad 3a-4b-3c=46$
$\quad 8a+8b+9c=-49$

g) $-10x+5y-z=51$
$\quad 8x-7y+10z=48$
$\quad 8x-2y-9z=-133$

h) $-6x+9y+4z=61$
$\quad 3x\quad\ \ +4z=7$ [3]
$\quad 2x+6y-z=43$

Aufgabe 2

a) $2a+b-c=7$
$\quad a+4b-3c=8$
$\quad -4a-3b+c=9$

b) $3a-5b+c=15$
$\quad -8a-3b+2c=14$
$\quad 4a-2b+9c=1$

c) $0=3a+6b-c$
$\quad -3=7a-7b+6c$
$\quad 1=8a+2b-3c$

e) $6=6a-2,4b+c$
$\quad 0,5=1,4a+2,7b-0,1c$
$\quad 1,9=2,3a-8,1b+5,5c$

f) $-9,2=-1,4a+5,7b-8,8c$
$\quad 7,2=-3,4a+2b-6c$
$\quad 8,3=9,5a-2,8b$

g) $6,3=1,5a-3,5b+0,7c$
$\quad 0,11=0,25a-0,51b+1,1c$
$\quad 8,15=2,51a+2,41b-2,3c$

---

3   **Tipp:** Lass dich von dem fehlenden y nicht irritieren! Du hast damit sogar schon eine Gleichung mit zwei Variablen. Eliminiere also mit der ersten und dritten Gleichung wieder y und schon hast du zwei Gleichungen bei denen y fehlt und du kannst normal weiter rechen ;)

d) $2=5x-2y-3z$
  $-5=9x-4y+z$
  $-2=7x-y+4z$

h) $4,5=1,92a+4,32b+1,17c$
  $-7,24=2,22a+14b+2c$
  $5,04=9,24a-6,22b+c$

Funktionsgleichungen herleiten

Aufgabe 1

Der Graph einer quadratischen Parabel verläuft durch die Punkte A, B und C. Bestimme ihre Funktionsgleichung.

a) $A(0\,|\,1)\;\;B(1\,|\,1)\;\;C(2\,|\,3)$
b) $A(-2\,|\,5)\;\;B(2\,|\,1)\;\;C(4\,|\,5)$
c) $A(-2\,|\,-1)\;\;B(-1\,|\,2)\;\;C(0\,|\,3)$
d) $A(5\,|\,8)\;\;B(0\,|\,3)\;\;C(-1\,|\,0,8)$

Aufgabe 2

Der Graph einer Funktion dritten Grades verläuft durch die Punkte $A(0\,|\,10)$ und $B(30\,|\,5)$. An der Stelle $x=15$ liegt ein Wendepunkt mit der Steigung $-0,5$.
Bestimme die Funktionsvorschrift.

Aufgabe 3

Der Graph einer zur y-Achse achsensymmetrischen Funktion vierten Grades hat im Punkt $P(1\,|\,3)$ eine Steigung von $-1,5$. Der Punkt $Q(-4\,|\,8)$ liegt auch auf dem Graphen.
Bestimme die Funktionsvorschrift.

Aufgabe 4

Der Graph einer zum Ursprung punktsymmetrischen Funktion fünften Grades berührt die x-Achse an der Stelle $x=3$. An der Stelle $x=5$ verläuft sie parallel zur Geraden $g(x)=4x+5$.

Aufgabe 5

Ein Wendepunkt $WP(2\,|\,5)$ des Graphen einer Funktion fünften Grades liegt parallel zur Geraden $g(x)=4x-100$. Im Ursprung befindet sich ein Sattelpunkt.

Aufgabe 6

Der Graph einer Funktion dritten Grades besitzt im Punkt $P(0\,|-3)$ eine horizontale Tangente und berührt die x-Achse an der Stelle $x = -3$.

RECHNEN

Rechnen mit „normalen" Gleichungen

Lineare Gleichungen

Aufgabe 1

a) $5x=10 \qquad |\div 5$
$ x=2$
b) $x=3$
c) $2x+8=16 \qquad |-8$
$ 2x=8 \qquad |\div 2$
$ x=4$
d) $x=2$

e) $x=1$
f) $x=1$
g) $x=-3$
h) $x=10$

i) $x=-1$
j) $x=-5$
k) $x=-3$
l) $x=16$

Aufgabe 2

a) $x=10$

b) $x=21$

c) $x=\dfrac{3}{2}=1{,}5$

d) $x=\dfrac{1}{2}=0{,}5$

e) $x=0$

f) $x=0$

g) $x=\dfrac{35}{4}=8{,}75$

h) $x=-\dfrac{17}{20}$

i) $x=1$

Aufgabe 3

a) $x=\dfrac{1}{6}$

b) $x=3$

c) $x=9$

d) $x=\dfrac{1}{3}$

e) $x=-0{,}25$

f) $x=1$

Aufgabe 4

a) $x=4$

b) $x\approx 4{,}73$

c) $x\approx -0{,}19$

d) $x=1$

$$e)\, 17-2x=ex \qquad\qquad |+2x$$
$$17=ex+2x \qquad\qquad |\,x\text{ ausklammern}$$
$$17=(e+2)x \qquad\qquad |\div(e+2)$$
$$3{,}6\approx x$$

$$f)\, 39+2\pi x=\frac{1}{3}ex-\frac{25}{7} \qquad\qquad |-\frac{1}{3}ex$$
$$39+2\pi x-\frac{1}{3}ex=-\frac{25}{7} \qquad\qquad |-39$$
$$2\pi x-\frac{1}{3}ex=-\frac{298}{7} \qquad\qquad |\,x\text{ ausklammern}$$
$$\left(2\pi-\frac{1}{3}e\right)x=-\frac{298}{7} \qquad\qquad |\div\left(2\pi-\frac{1}{3}e\right)$$
$$x\approx-7{,}92$$

Vielleicht fragst du dich, warum man denn bei e) und f) das x ausklammern musste. Der Grund dafür ist, dass man ja immer die Zahlen ohne x auf die eine Seite macht und die mit x auf die andere Seite, um dann durch die Zahl zu teilen, die beim x steht, richtig?

Bei den Aufgaben e) und f) konnte man aber die Zahlen mit x nicht zu einer Zahl zusammenfassen, siehe: $ex+2x$. Im Gegensatz dazu kann man beispielsweise $2x+5x$ zu $7x$ zusammenfassen. Deswegen klammert man x halt aus um danach das x alleine stehen lassen zu können :)

Quadratische Gleichungen

Aufgabe 1

a) $0=x^2+2x+1$

Mit der Mitternachtsformel

$a=1\;\; b=2\;\; c=1$

$$x_{1/2}=\frac{-b\pm\sqrt{b^2-4ac}}{2a}$$
$$x_{1/2}=\frac{-2\pm\sqrt{2^2-4\cdot1\cdot1}}{2\cdot1}$$
$$x_{1/2}=\frac{-2\pm\sqrt{4-4}}{2}$$
$$x_{1/2}=\frac{-2\pm\sqrt{0}}{2}$$

Mit der PQ – Formel

$p=2\;\; q=1$

$$x_{1/2}=-\frac{p}{2}\pm\sqrt{\left(\frac{p}{2}\right)^2-q}$$
$$x_{1/2}=-\frac{2}{2}\pm\sqrt{\left(\frac{2}{2}\right)^2-1}$$
$$x_{1/2}=-1\pm\sqrt{1-1}$$
$$x_{1/2}=-1\pm\sqrt{0}$$

unter der Wurzel ne 0, also
nur eine Lösung: $x_{1/2} = -1$

b) $x_{1/2} = 1$

c) $x_1 = 2$ $x_2 = -1$

d) $-4 = x^2 + 4x$ $| + 4$

$\quad 0 = x^2 + 4x + 4$

$\quad x_{1/2} = -2$

e) $2x^2 = 20 - 6x$ $| -2x^2$ i) $x_1 = 3$ $x_2 = -3$

$\quad 0 = -2x^2 - 6x + 20$

$\quad 0 = -2(x^2 + 3x - 10)$

$\quad x_1 = 2$ $x_2 = -5$

f) $x_1 = 1$ $x_2 = -4$ j) $x_1 = 7$ $x_2 = -6$

g) $x_1 = 6$ $x_2 = 0,5$ k) $x_1 \approx 7,89$ $x_2 \approx -0,89$

h) $x_1 = 2$ $x_2 = -6$ l) $x_1 = 5$ $x_2 = 0$

Aufgabe 2

a) $0 = x^2 - 5x$ $|$ ausklammern

$\quad 0 = x(x - 5) \rightarrow x_1 = 0$

$\quad 0 = x - 5$ $| + 5$

$\quad x_2 = 5$

$\qquad\qquad\qquad$ c) $x_1 = 0$ $x_2 = 3$ e) $x_1 = 0$ $x_2 = -0,5$

b) $x_1 = 0$ $x_2 = 4$ d) $x_1 = 0$ $x_2 = -4$ f) $x_1 = 0$ $x_2 = 0,25$

Aufgabe 3

a) $0 = 2x^2 - 32$ $| + 32$

$\quad 32 = 2x^2$ $| \div 2$

$\quad 16 = x^2$ $| \pm\sqrt{\ }$

$\quad x_{1/2} = \pm 4$

$\qquad\qquad\qquad$ c) $x_{1/2} = \pm 4$ e) $x_{1/2} = \pm 5$

b) $x_{1/2} = \pm 7$ d) $x_{1/2} = \pm 5$ f) $x_{1/2} = \pm 2$

Aufgabe 4

a) Formel
$$x_1=2 \quad x_2=-4$$

b) Formel
$$x_1=5 \quad x_2=1$$

c) ausklammern
$$x_1=0 \quad x_2=1$$

d) Wurzel
$$x_{1/2}=\pm 7$$

e) Formel
$$x_1\approx-1,31 \quad x_2\approx1,97$$

f) Formel
keine Lösung

g) Wurzel
$$x_{1/2}\approx\pm4,62$$

h) ausklammern
$$x_1=0 \quad x_2=7$$

Aufgabe 5

a) $x_1=0 \quad x_2=30$

b) $x_1\approx0,11 \quad x_2\approx-3,65$

c) $x_1\approx7,48 \quad x_2\approx-0,98$

d) $x_{1/2}\approx\pm0,89$

e) $x_1\approx1,07 \quad x_2\approx-13,04$

f) keine Lösung

g) keine Lösung

h) $x_1\approx-1,81 \quad x_2\approx1,68$

i) $x_1\approx1,75 \quad x_2\approx-1,32$

j) $x_1\approx1,18 \quad x_2\approx-2,06$

Substitution

Aufgabe 1

a) $0=x^4-13x^2+36 \qquad |\, x^2=z$

$0=z^2-13z+36 \qquad |\,$ Formel anwenden

$z_1=4$

$z_2=9$

$\qquad\qquad\qquad |\, z=x^2$

$x^2=4 \qquad\qquad |\pm\sqrt{\ }$

$x_{1/2}=\pm2$

$x^2=9 \qquad\qquad |\pm\sqrt{\ }$

$x_{3/4}=\pm3$

e) keine Lösung

b) $x_{1/2}=\pm4 \quad x_{3/4}=\pm3$

c) $x_{1/2}=\pm2 \quad x_{3/4}=\pm3$

d) $x_{1/2}=\pm4 \quad x_{3/4}=\pm3$

f) $x_{1/2}=\pm1 \quad x_{3/4}=$ ERROR

g) $x_{1/2}=\pm\sqrt{2} \quad x_{3/4}=$ ERROR

h) $x_{1/2}=\pm2 \quad x_{3/4}=\pm\sqrt{6}$

Aufgabe 2

a) $0{,}7x^4 + 2 = 5 - 6x^2 + x^4$ $\qquad$ $|-0{,}7x^4\ |-2$

$\quad 0 = 3 - 6x^2 + 0{,}3x^4$ $\qquad$ $|x^2 = z \rightarrow$ Formel

$\quad z_1 \approx 19{,}49$

$\quad z_2 \approx 0{,}51$ $\qquad\qquad$ $|z = x^2$

$\quad x_{1/2} = \pm\sqrt{19{,}49}$ $\quad x_{3/4} = \pm\sqrt{0{,}51}$

e) $x_{1/2} \approx \pm\sqrt{35{,}41}$ $\quad x_{3/4} =$ ERROR

b) $x_{1/2} \approx \pm\sqrt{2{,}37}$ $\quad x_{3/4} =$ ERROR $\qquad$ f) $x_{1/2} \approx \pm\sqrt{0{,}94}$ $\quad x_{3/4} =$ ERROR

c) keine Lösung $\qquad\qquad\qquad\qquad$ g) $x_{1/2} \approx \pm\sqrt{130{,}05}$ $\quad x_{3/4} =$ ERROR

d) $x_{1/2} = \pm 1$ $\quad x_{3/4} = 0$ $\qquad\qquad$ h) $x_{1/2} \approx \pm\sqrt{0{,}45}$ $\quad x_{3/4} =$ ERROR

Aufgabe 3

a) $x_{1/2} \approx \pm\sqrt{1{,}98}$ $\quad x_{3/4} =$ ERROR $\qquad$ e) $x_{1/2} \approx \pm\sqrt{167{,}88}$ $\quad x_{3/4} =$ ERROR

b) $x_{1/2} = \pm\sqrt{0{,}05}$ $\quad x_{3/4} =$ ERROR $\qquad$ f) $x_{1/2} \approx \pm\sqrt{3{,}32}$ $\quad x_{3/4} \approx \pm\sqrt{0{,}016}$

c) $x_{1/2} \approx \pm\sqrt{0{,}75}$ $\quad x_{3/4} =$ ERROR $\qquad$ g) keine Lösung

d) $x_{1/2} \approx \pm\sqrt{0{,}81}$ $\quad x_{3/4} =$ ERROR $\qquad$ h) $x_{1/2} \approx \pm\sqrt{3{,}37}$ $\quad x_{3/4} =$ ERROR

Ausklammern

Aufgabe 1

a) $0 = x^2 + x$ $\qquad\qquad$ | ausklammern

$\quad 0 = x(x+1) \rightarrow x_1 = 0$

$\quad 0 = x + 1$ $\qquad\qquad$ $|-1$

$\quad x_2 = -1$ $\qquad\qquad\qquad\qquad\qquad$ e) $x_1 = 0$ $\quad x_2 = -2$ $\quad x_3 = -3$

b) $x_1 = 0$ $\quad x_2 = 2$ $\qquad\qquad\qquad\qquad$ f) $x_{1/2/3/4} = 0$

c) $x_{1/2} = 0$ $\quad x_3 = -3$ [4] $\qquad\qquad$ g) $x_1 = 0$ $\quad x_2 = -0{,}5$

d) $0 = x^3 - 5x^2 - 6x$ $\qquad\qquad\qquad$ h) $x = 0$

$\quad 0 = x(x^2 - 5x - 6) \rightarrow$ $\qquad$ $|x_1 = 0$

$\quad 0 = x^2 - 5x - 6$ $\qquad\qquad$ | Formel

$\quad \ldots$

$\quad x_2 = -1$ $\quad x_3 = 6$

---

4 $\quad$ In dem Fall sollte man schreiben, dass $x_{1/2}$ Null ist und nicht nur x_1, weil ein x^2 ausgeklammert wurde. Man könnte das x^2 ja als $x \cdot x$ schreiben und sieht damit, dass es eben zwei x sind, für die jeweils eine Null eingesetzt werden kann.

Rechnen, wenn das x im Nenner steht

Aufgabe 1

a) $x = 2$ d) $x_{1/2} = \pm 2$ g) $x = 3$

b) $x = 1$ e) $x_{1/2} = \pm 6$ h) $x_{1/2} = \pm \pi$

c) $x = 2$ f) $x = 1$ i) $x = 5$

Aufgabe 2

a) $4x^{-2} = 9$ | umschreiben   e) $x_{1/2} \approx \pm 0{,}37$

$\quad \dfrac{4}{x^2} = 9$ | $\cdot x^2$

$\quad 4 = 9x^2$

...und jetzt ist es ja nur noch eine quadratische Gleichung – das ist wohl kein Problem mehr... ;)

$\quad \dfrac{4}{9} = x^2$ | $\pm \sqrt{\ }$

$\quad x_{1/2} = \pm \dfrac{2}{3}$

b) $x - 1 = x^{-1}$ | umschreiben   f) $x_1 \approx 0{,}25 \quad x_2 \approx -0{,}03$

$\quad x - 1 = \dfrac{1}{x}$ | $\cdot x$

$\quad x^2 - x = 1$ | -1

$\quad x^2 - x - 1 = 0$

$\quad \dots$

$\quad x_1 \approx 1{,}62 \quad x_2 \approx -0{,}62$

c) $x_{1/2} \approx \pm\sqrt{2{,}73} \quad x_{3/4} = $ ERROR   g) $x \in \mathbb{R} \setminus \{0\}$ [5]

d) $L = \{\}$ keine Lösung[6]   h) $0{,}004x + x^{-1} = \dfrac{4}{7}x$

$\qquad\qquad\qquad\qquad\qquad 0{,}004\,x^2 + 1 = \dfrac{4}{7}x^2$

$\qquad\qquad\qquad\qquad\qquad\quad x_{1/2} \approx \pm 1{,}33$

---

[5]   ..., weil im Endeffekt $\dfrac{1}{x} = \dfrac{1}{x}$ da steht und da kann man halt alles für x einsetzen außer die Null.

[6]   „Aus Summen kürzen nur die Dummen" ;)

Aufgabe 3

a) $\dfrac{8x}{x}=27x^3$ | kürzen

    $8=27x^3$ $|\div 27$

    $\dfrac{8}{27}=x^3$ $|\sqrt[3]{\ }$

    $x=\dfrac{2}{3}$

b) $x=1$

c) $\dfrac{6x}{2x^4}=\dfrac{5x^3}{3x^5}$ | kürzen

    $\dfrac{3}{x^3}=\dfrac{5}{3x^2}$ $|\cdot x^3$

    $3=\dfrac{5}{3}x$ $|\div \dfrac{5}{3}$

    $x=\dfrac{9}{5}$

d) $x_{1/2}=\pm 2$

e) $\dfrac{2x^2}{8x^3}=\dfrac{x}{x^{-1}}-3$ $|\dfrac{x}{x^{-1}}=x^2$

    $\dfrac{1}{4x}=x^2-3$ $|\cdot 4x$

    $1=4x^3-12x$ $|-1$

    $0=4x^3-12x-1$ | TR

    $x_1\approx 1{,}77$ $x_2\approx -0{,}08$

    $x_3\approx -1{,}69$

f) $x_1=0$ $x_{2/3}=\pm\sqrt{\dfrac{2}{3}}$

g) $x_1\approx 6{,}12$ $x_2\approx -0{,}12$

h) $x_1\approx 0{,}97$

Rechnen, wenn das x steht oben steht

Aufgabe 1

a) $10^x=100$ | log

    $x=\log_{10}(100)$

    $x=\dfrac{\log(100)}{\log(10)}$

    $x=2$

b) $x=5$

c) $x=4$

d) $x=3$

e) $x=4$

f) $2^{x-1}=512$ | log

    $x-1=\log_2(512)$

    $x-1=9$ $|+1$

    $x=10$

g) $x=0$

h) $1024=4^{x^2+1}$ | log

    $\log_4(1024)=x^2+1$

    $5=x^2+1$ $|-1$

    $4=x^2$ $|\pm\sqrt{\ }$

    $x_{1/2}=\pm 2$

Aufgabe 2

a) $x \approx 95{,}18$ e) $x_1 = 0$ $x_2 = 2$

b) $x \approx 17{,}19$ f) $x \approx -1{,}8$

c) $x \approx 6{,}4$ g) $x \approx 0{,}69$

d) $x \approx 6{,}49$ h) $x = 7$

Rechnen mit Sinus/Kosinus/Tangens

Aufgabe 1

Einfach in den Taschenrechner eingeben oder am besten durch überlegen selbst drauf kommen – einfach den Graphen der Funktion im Hinterkopf haben.

a) $x = 0$ d) $x = -1$ g) $x = -1$

b) $x = 1$ e) $x = 0$ h) $x = 5$

c) $x = 1$ f) $x = -1$ i) $x = \pm 2$

Aufgabe 2

a) $\sin(x) = 0{,}5$ d) $x = 0$

   $x = \sin^{-1}(0{,}5)$

   $x \approx 0{,}52$

b) $x \approx 0{,}64$ e) keine Lösung

c) $x \approx -0{,}34$ f) $x \approx 0{,}78$

Aufgabe 3

a) $\frac{1}{2}\sin(x) = 0{,}7$ $| \div \frac{1}{2}$

   $\sin(x) = 1{,}4$

   $x = \sin^{-1}(1{,}4)$

   ERROR   d) $x \approx 0{,}95$

b) $x \approx 0{,}82$ e) $x \approx 0{,}9$

c) $x = 0$ f) $x \approx 2{,}1$

Aufgabe 4

a) $x_1 \approx 1{,}57$ $x_2 \approx -0{,}57$ c) $x \approx -5{,}52$

b) $x \approx 0{,}45$ d) $x = 0$

Gleichungen aller Art

Aufgabe 1

a) $x_1 \approx 4{,}07$ $x_2 \approx -0{,}37$

b) $x_1 \approx 0{,}19$ $x_2 \approx -5{,}19$

c) $x = 4$

d) $x_1 = 0$ $x_2 = 11$

e) $x = 30°$ bzw. $\dfrac{1}{6}\pi$

f) $x \approx 1{,}1$

g) $x_{1/2} \approx \pm\sqrt{1{,}1}$ $x_{3/4} = \text{ERROR}$

h) $x = 3$

i) $x_{1/2} = 0$ $x_3 = 1$

j) $x_{1/2} = 0$ $x_3 \approx 1{,}62$ $x_4 \approx -0{,}62$

Aufgabe 2

a) $x = \pm 1$

b) $x_{1/2} = \pm 3$

c) $x_{1/2} \approx \pm\sqrt{5{,}53}$ $x_{3/4} = \text{ERROR}$

d) $L = \{\}$

e) $x \approx 52{,}24°$ bzw. $0{,}91$

f) $x_1 \approx 3{,}3$ $x_2 \approx -0{,}3$

g) $L = \{\}$

h) $x = 60°$ bzw. $\dfrac{1}{3}\pi$

i) $x \approx 22{,}78$

j) $x = 2$

Visuelles vorstellen

Ganzrationale Funktionen

Aufgabe 1

$f(x)$ ist zweiten Grades

$g(x)$ ist vierten Grades

$h(x)$ ist dritten Grades

$i(x)$ ist dritten Grades

$j(x)$ ist ersten Grades

$k(x)$ ist zweiten Grades

Aufgabe 2

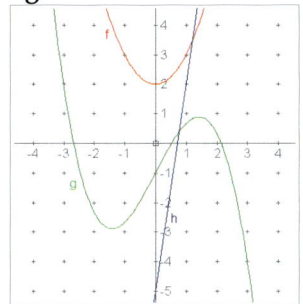
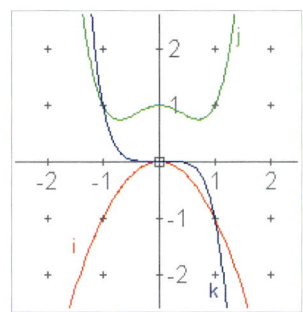

Bei der Aufgabe ging es nicht darum die Funktion genau richtig zu zeichnen. Es sollten allerdings die Form (grob) und der y-Achsenabschnitt stimmen :)

Gebrochenrationale Funktionen

Aufgabe 1

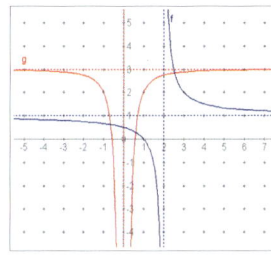
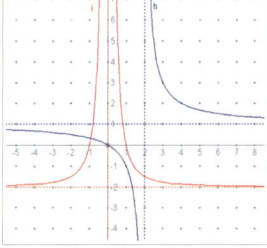
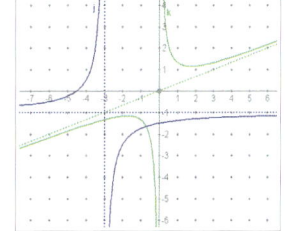

Exponentialfunktionen

Aufgabe 1

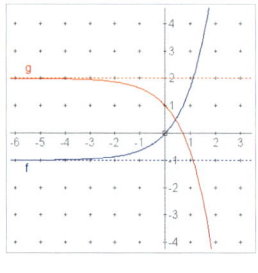
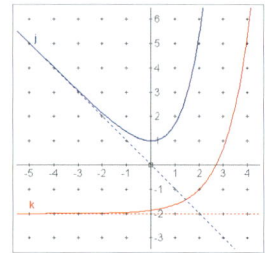
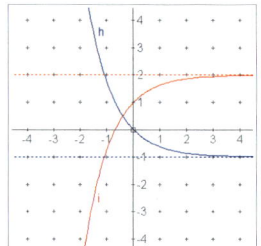
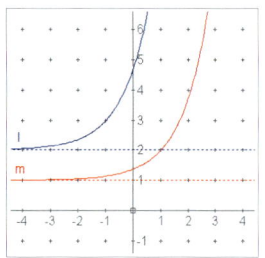

Aufgabe 2

$f(x) = e^x$ $h(x) = -e^x$

$g(x) = -e^{-x}$ $i(x) = e^{-x}$

Trigonometrische Funktionen

Aufgabe 1

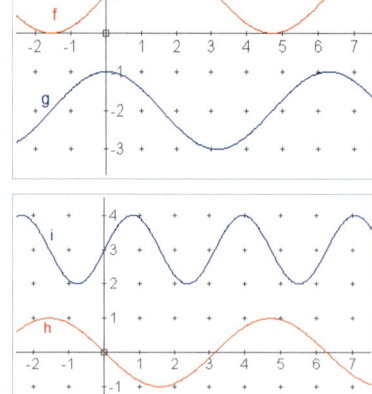
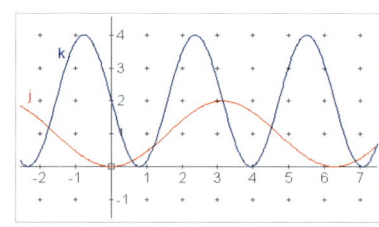
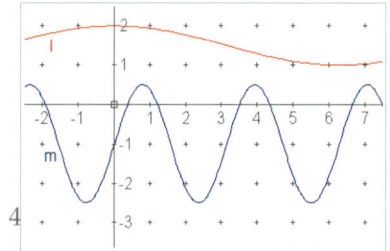

4

Aufgabe 2

$f(x)=2\cos(x)+0,5$ $i(x)=\sin(2x)+1$

$g(x)=1,5\sin(0,5\,x)-0,5$ $j(x)=1,5\sin(\pi x)$

$h(x)=\sin(\pi x)$ $k(x)=0,5\cos(x)-0,5$

Wurzelfunktionen

Aufgabe 1

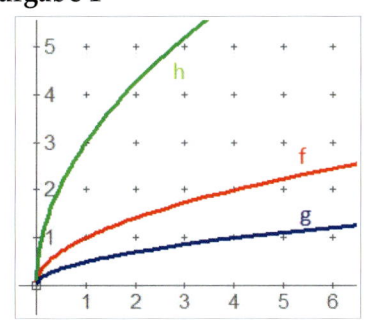

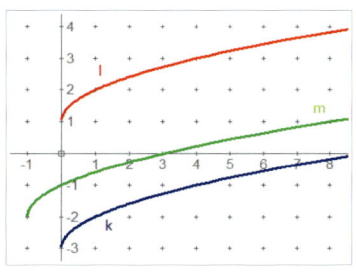

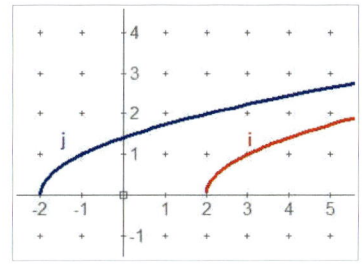

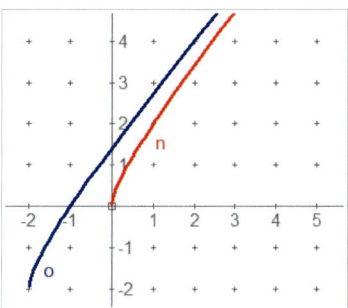

Aufgabe 2

$f(x)=\sqrt{x}$ $l(x)=\sqrt{x+0,5}+0,5$

$g(x)=\sqrt{x}-1$ $m(x)=\sqrt{x+1}-1$

$h(x)=\sqrt{x-1}$ $n(x)=\sqrt{x-2}-1$

$i(x)=\sqrt{x}+1$ $o(x)=\sqrt{-(x+0,5)} \;=\; \sqrt{-x-0,5}$

$j(x)=\sqrt{x-1}+1$ $p(x)=\sqrt{-(x-2)} \;=\; \sqrt{-x+2}$

$k(x)=\sqrt{x-2}$ $q(x)=\sqrt{x+2}$

Mathe

Lineare Funktionen

Aufgabe 1

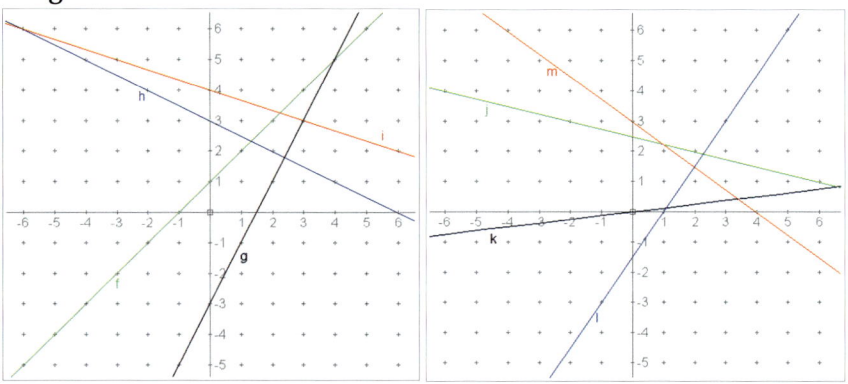

Aufgabe 2

a) $m=7{,}321$; $b=-\dfrac{27}{3}$ b) $m=-e$; $b=402{,}21$ c) $m=0$; $b=4$

Aufgabe 3

a) $A(1\,|\,2)$ und $B(3\,|\,0)$ | Formel für die Steigung m

$\quad m=\dfrac{y_2-y_1}{x_2-x_1}=\dfrac{0-2}{3-1}=\dfrac{-2}{2}=-1$ | m in allg. Funktion einsetzen

$\quad f(x)=-1x+b$ | Punkt A oder B einsetzen

$\quad 0=-1\cdot3+b$ | $+3$

$\quad 3=b$

$\quad f(x)=-x+3$

b) $f(x)=4x-1$

c) $f(x)=-0{,}5x$

d) $f(x)=2x-2$

e) $f(x)=\dfrac{21}{8}x-\dfrac{1}{8}$

Aufgabe 4

$f(x) = -\frac{1}{3}x + 4$ $j(x) = -\frac{5}{4}x + 4$

$g(x) = \frac{4}{5}x + 1{,}5$ $k(x) = x + 3$

$h(x) = -1$ $l(x) = \frac{2}{3}x - 1$

$i(x) = 2x - 2$ $m(x) = \frac{1}{4}x - 3$

Ableitungen

Aufgabe 1

a) $f'(x) = 5x^4$

  $f''(x) = 20x^3$

  $f'''(x) = 60x^2$

b) $g'(x) = 9x^2 - 2x$

  $g''(x) = 18x - 2$

  $g'''(x) = 18$

c) $h'(x) = -21x^6 + 20x^4 - 6x^2 + 1$

  $h''(x) = -126x^5 + 80x^3 - 12x$

  $h'''(x) = -630x^4 + 240x^2 - 12$

d) $i'(x) = e^x$

  $i''(x) = e^x$

  $i'''(x) = e^x$

e) $j'(x) = \cos(x)$

  $j''(x) = -\sin(x)$

  $j'''(x) = -\cos(x)$

f) $k'(x) = \sin(x)$

  $k''(x) = \cos(x)$

  $k'''(x) = -\sin(x)$

g) $l(x) = \sqrt{x} = x^{\frac{1}{2}}$

  $l'(x) = \frac{1}{2}x^{-\frac{1}{2}} \quad \left(= \frac{1}{2\sqrt{x}}\right)$

  $l''(x) = -\frac{1}{4}x^{-1{,}5}$

  $l'''(x) = \frac{3}{8}x^{-2{,}5}$

h) $m'(x) = -\frac{1}{x^2} \quad (= -x^{-2})$

  $m''(x) = \frac{2}{x^3} \quad (= 2x^{-3})$

  $m'''(x) = -\frac{6}{x^4} \quad (= -6x^{-4})$

Aufgabe 2

a) $f'(x) = \frac{3}{2x^2}$

  $f''(x) = -\frac{3}{x^3}$

e) $j'(x) = -\frac{9}{x^4}$

  $j''(x) = \frac{36}{x^5}$

$$f'''(x) = \frac{9}{x^4}$$

$$j'''(x) = -\frac{180}{x^6}$$

b) $g'(x) = -\dfrac{e}{x^2}$

f) $k'(x) = -1^{\,7}$

$$g''(x) = \frac{2e}{x^3}$$

$$k''(x) = 0$$

$$g'''(x) = -\frac{6e}{x^4}$$

$$k'''(x) = 0$$

c) $h'(x) = 0{,}25\,x^{-1,5}$

g) $l'(x) = -0{,}5\cos(x)^{\,8}$

$$h''(x) = -\frac{3}{8}x^{-2,5}$$

$$l''(x) = 0{,}5\sin(x)$$

$$h'''(x) = \frac{15}{16}x^{-3,5}$$

$$l'''(x) = 0{,}5\cos(x)$$

d) $i'(x) = \dfrac{3}{e}$

h) $m'(x) = \dfrac{8}{x^5}$

$$i''(x) = 0$$

$$m''(x) = -\frac{40}{x^6}$$

$$i'''(x) = 0$$

$$m'''(x) = \frac{240}{x^7}$$

Aufgabe 3

a) $f'(x) = 0{,}2\,e^x$

e) $j'(x) = e^x + \sin(x)$

$$f''(x) = 0{,}2\,e^x$$

$$j''(x) = e^x + \cos(x)$$

$$f'''(x) = 0{,}2\,e^x$$

$$j'''(x) = e^x - \sin(x)$$

b) $g'(x) = 3e^x + 1$

f) $k'(x) = 2\cos(x) + 3\sin(x)$

$$g''(x) = 3e^x$$

$$k''(x) = -2\sin(x) + 3\cos(x)$$

$$g'''(x) = 3e^x$$

$$k'''(x) = -2\cos(x) - 3\sin(x)$$

c) $h'(x) = e\,e^x - e$

g) $l'(x) = 2x - 2e^x - \dfrac{12}{x^4} - \dfrac{1}{2\sqrt{x}}$

$$h''(x) = e\,e^x$$

$$l''(x) = 2 - 2e^x + \frac{48}{x^5} + \frac{1}{4}x^{-1,5}$$

$$h'''(x) = e\,e^x$$

$$l'''(x) = -2e^x - \frac{240}{x^6} - \frac{3}{8}x^{-2,5}$$

d) $i'(x) = \dfrac{1}{e}e^x + \dfrac{e}{x^2}$

h) $m'(x) = 1 + 8x^{-5} - \dfrac{1}{3x^2}$

7 $\quad -\dfrac{1}{x^{-1}} = -\dfrac{1}{\frac{1}{x}} = -1\cdot\dfrac{x}{1} = -x$

8 $\quad -\dfrac{\sin(x)}{2} = -\dfrac{1}{2}\sin(x)$

$$i''(x) = \frac{1}{e}e^x - \frac{2e}{x^3}$$

$$m''(x) = -40x^{-6} + \frac{2}{3x^3}$$

$$i'''(x) = \frac{1}{e}e^x + \frac{6e}{x^4}$$

$$m'''(x) = 240x^{-7} - \frac{2}{x^4}$$

Aufgabe 4

a) $f(x) = \sin(2x)$

$\quad u(x) = 2x \quad v(u) = \sin(u)$

$\quad u'(x) = 2 \quad v'(u) = \cos(u)$

$\quad f'(x) = 2\cos(2x)$

b) $g'(x) = 0{,}5e^{0{,}5x}$

c) $h(x) = (x-2)^7$

$\quad u(x) = x-2 \quad v(u) = u^7$

$\quad u'(x) = 1 \quad\quad v'(u) = 7u^6$

$\quad h'(x) = 7(x-2)^6$

d) $i(x) = \sqrt{2x}$

$\quad u(x) = 2x \quad v(u) = \sqrt{u}$

$\quad u'(x) = 2 \quad v'(u) = \dfrac{1}{2\sqrt{u}}$

$\quad i'(x) = \dfrac{1}{\sqrt{2x}}$

e) $j'(x) = -4{,}9\sin(7x)$

f) $k'(x) = 15e^{5x}$

g) $l(x) = e^{-x}$

$\quad u(x) = -x \quad v(u) = e^u$

$\quad u'(x) = -1 \quad v'(u) = e^u$

$\quad l'(x) = -e^{-x}$

h) $m(x) = e^{5x^2}$

$\quad u(x) = 5x^2 \quad v(u) = e^u$

$\quad u'(x) = 10x \quad v'(u) = e^u$

$\quad m'(x) = 10x \cdot e^{5x^2}$

Aufgabe 5

a) $f(x) = x \cdot e^x$

$\quad u(x) = x \quad v(x) = e^x$

$\quad u'(x) = 1 \quad v'(x) = e^x$

$\quad f'(x) = 1 \cdot e^x + x \cdot e^x$

b) $g'(x) = e^x \cdot x^2 + e^x \cdot 2x$

c) $h'(x) = 3x^2 \cdot \cos(x) + x^3 \cdot (-\sin(x))$

$\quad h'(x) = 3x^2\cos(x) - x^3\sin(x)$

d) $i'(x) = \dfrac{1}{2\sqrt{x}} \cdot e^x + \sqrt{x} \cdot e^x$

e) $j'(x) = 2e^x \cdot (-\sin(x)) + 2e^x \cdot (-\cos(x))$

$\quad\quad = 2e^x \cdot (-\sin(x)) - 2e^x \cdot \cos(x)$

$$f)\,k'(x)=-\frac{e}{x^4}\cdot\pi\cos(x)+\frac{e}{3x^3}\cdot(-\pi\sin(x))$$

$$=-\frac{e}{x^4}\cdot\pi\cos(x)-\frac{e}{3x^3}\cdot\pi\sin(x)$$

g) hier haben wir zum einem ein Produkt und dann noch das x^2

$$l'(x)=15x^2\cdot0{,}4\,e^x+5x^3\cdot0{,}4\,e^x+2x$$

wichtig ist hierbei, dass du das x^2 einfach mit ableitest – ganz normal.

Jetzt könnte man noch x ausklammern (auf sowas immer achten!):

$$l'(x)=x(15x\cdot0{,}4\,e^x+5x^2\cdot0{,}4\,e^x+2)$$

$$h)\,m'(x)=-3x^{-4}+0{,}5\cos(x)\cdot2x+0{,}5\sin(x)\cdot2$$

$$m'(x)=-\frac{3}{x^4}+\cos(x)\cdot x+\sin(x)$$

Aufgabe 6

$$a)\,f(x)=\frac{e^x}{x}$$

$$u(x)=e^x \qquad v(x)=x$$

$$u'(x)=e^x \qquad v'(x)=1$$

$$f'(x)=\frac{e^x\cdot x-e^x\cdot1}{x^2} \qquad | \ e^x \text{ kann man ausklammern...}$$

$$f'(x)=\frac{e^x(x-1)}{x^2}$$

$$b)\,g'(x)=\frac{\cos(x)\cdot2x-2\sin(x)}{4x^2}$$

$$c)\,h'(x)=\frac{(8x+1)\cdot\cos(x)+(4x^2+x)\cdot\sin(x)}{\cos^2(x)}$$

$$d)\,i'(x)=\frac{2e^{2x}\cdot(-\cos(2x))-e^{2x}\cdot2\sin(2x)}{\cos^2(2x)}$$

$$e)\,j'(x)=\frac{(2-15x^2+e^x)\cdot(e^x-\sin(x)+\cos(x))-(2x-5x^3+e^x)\cdot(e^x-\cos(x)-\sin(x))}{(e^x-\sin(x)+\cos(x))^2}$$

$$f)\,k'(x)=\frac{\cos^2(x)+\sin^2(x)}{\cos^2(x)}=\frac{1}{\cos^2(x)} \ , \text{ weil } \sin^2+\cos^2=1$$

$$g)\,l'(x)=\frac{\frac{1}{2\sqrt{x}}\cdot x-\sqrt{x}}{x^2}$$

$$h)\,m'(x)=-\frac{1}{x^2}$$

Definitionsbereich

Aufgabe 1

a) $D = x \in \mathbb{R}$

b) $D = x \in \mathbb{R}$

c) $D = x \in \mathbb{R}$

b) $D = x \in \mathbb{R}$, weil ja nur die
      0,2 unter der Wurzel steht
      und nicht das x

e) $D = x \in \mathbb{R} \setminus \{2\}$

f) $D = x \in \mathbb{R} \setminus \{0\}$

g) $D = x \in \mathbb{R}$

h) $0 = x^2 - 6x - 7$
    $x_1 = -1$; $x_2 = 7$
    $D = x \in \mathbb{R} \setminus \{-1,7\}$

Wertebereich

Aufgabe 1

a) $W = \{y \in \mathbb{R} \mid y \geq -2\}$

b) $W = \{y \in \mathbb{R}_0^+\}$

c) $W = \{y \in \mathbb{R} \mid y > 0\}$

d) $W = \{y \in \mathbb{R} \mid y < 5\}$

e) $W = \{y \in \mathbb{R} \mid -1 \leq y \leq 1\}$

f) $W = \{y \in \mathbb{R} \mid -3 \leq y \leq -1\}$

g) $W = \{y \in \mathbb{R} \mid y \leq 3\}$

h) $W = \{y \in \mathbb{R} \mid y \geq 3\}$

Wenn du die ein oder andere Lösung nicht nachvollziehen kannst, dann schau dir den Graphen der Funktion an ;)

Symmetrie

Aufgabe 1

a) PS zum Ursprung

b) nichts von beidem

c) AS zur y-Achse[9]

d) nichts von beidem

e) PS zum Ursprung

f) AS zur y-Achse

g) PS zum Ursprung

h) nichts von beidem

---

9   Es steht zwar ein x dabei, allerdings steht da eine Null davor. Das heißt, man könnte es auch weglassen.

Verhalten gegen unendlich

Aufgabe 1

a) $\lim\limits_{x \to -\infty} f(x) = -\infty$

$\lim\limits_{x \to \infty} f(x) = \infty$

b) $\lim\limits_{x \to -\infty} g(x) = -\infty$

$\lim\limits_{x \to \infty} (x) = -\infty$

c) $\lim\limits_{x \to -\infty} h(x) = \infty$

$\lim\limits_{x \to \infty} h(x) = \infty$

d) $\lim\limits_{x \to -\infty} i(x) = -\infty$

$\lim\limits_{x \to \infty} i(x) = -\infty$

e) $\lim\limits_{x \to -\infty} j(x) = \infty$

$\lim\limits_{x \to \infty} j(x) = -\infty$

f) $\lim\limits_{x \to -\infty} k(x) = 0$

$\lim\limits_{x \to \infty} k(x) = \infty$

g) $\lim\limits_{x \to -\infty} l(x) = 2$

$\lim\limits_{x \to \infty} l(x) = -\infty$

h) $\lim\limits_{x \to -\infty} m(x) = 0$

$\lim\limits_{x \to \infty} m(x) = 0$

Aufgabe 2

a) $\lim\limits_{x \to -\infty} f(x) = \infty$

$\lim\limits_{x \to \infty} f(x) = \infty$

b) $\lim\limits_{x \to -\infty} g(x) = -\infty$

$\lim\limits_{x \to \infty} g(x) = \infty$

c) $\lim\limits_{x \to -\infty} h(x) = -\infty$

$\lim\limits_{x \to \infty} h(x) = -\infty$

d) $\lim\limits_{x \to -\infty} i(x) = \text{ERROR}$ [10]

$\lim\limits_{x \to \infty} i(x) = \infty$

e) $\lim\limits_{x \to -\infty} j(x) = \text{ERROR}$

$\lim\limits_{x \to \infty} j(x) = \infty$

f) $\lim\limits_{x \to -\infty} k(x) = -2$

$\lim\limits_{x \to \infty} k(x) = -2$

g) $\lim\limits_{x \to -\infty} l(x) = -\infty$

$\lim\limits_{x \to \infty} l(x) = \infty$

h) $\lim\limits_{x \to -\infty} m(x) = \infty$

$\lim\limits_{x \to \infty} m(x) = \infty$

---

10 Die Funktion $\sqrt{x}$ ist für den negativen Bereich doch gar nicht definiert.

y-Achsenabschnitt

Aufgabe 1

Einfach für x eine Null einsetzen...

a) $f(x)=2x+2$ e) $f(0)=2$

   $f(0)=2\cdot0+2$

   $f(0)=2$

b) $f(0)=7$ f) $f(0)=$ nicht definiert [11]

c) $f(0)=1$ g) $f(0)=0$

d) $f(0)=0$ h) $f(0)=$ nicht definiert

Nullstellen

Aufgabe 1

a) $x_1=-2$; $x_2=-3$ e) $0=e^{-x}-e$ $|+e$

                               $e=e^{-x}$ $|\ln$

                               $1=-x$ $|\cdot(-1)$

                               $-1=x$

b) $x_1=-4$; $x_2=3$ f) $x_{1/2}=\pm2$

c) $x=2$ g) $x=5$

d) $x_{1/2}=\pm3$; $x_{3/4}=\pm2$ h) $x=-2$

Bei den Aufgaben g) und h) braucht man nur zu wissen, dass $\sqrt{0}=0$ ist
– der Rest ergibt sich von selbst ;)

Aufgabe 2

a) $f(x)=2x^2-3,5x-1$ e) $x_{1/2}\approx\pm\sqrt{0,104}$

   $0=2x^2-3,5x-1$ | Formel $x_{3/4}\approx\pm\sqrt{2,4}$

   $x_1=-0,25$; $x_2=2$

b) $x=\dfrac{2}{3}$ f) $0=\sin(x-1)$ | $\sin^{-1}$

                               $0=x-1$

                               $x=1$

---

11 Das heißt es gibt keinen y-Achsenabschnitt, weil die y-Achse gar nicht geschnitten
    wird. Bei weiteren Fragen solltest du dir das Schaubild der Funktion angucken...

c) ERROR   g) $x_1=0$; $x_2=0,4$

d) $x_{1/2}=0$, weil x^2 ausklammern   h) $x_1=\dfrac{\pi}{2}$

$\quad$ $x_3=1,5$

Aufgabe 3

a) $x=0$ e) $x=0$

b) $x=\dfrac{7}{\ln(2)}\approx 10,1$ f) $x\approx 0,24$

c) $x=\dfrac{2}{3}$ g) $0=\dfrac{3}{4x^3}+e$ $\qquad$ | erst $-e$

$\qquad\qquad\qquad\qquad\quad -e=\dfrac{3}{4x^3}$ $\qquad$ | dann $\cdot x^3$

$\qquad\qquad\qquad\qquad\quad -ex^3=\dfrac{3}{4}$ $\qquad$ | $\div(-e)$

$\qquad\qquad\qquad\qquad\quad x^3=-\dfrac{3}{4e}$ $\qquad$ | $\sqrt[3]{}$

$\qquad\qquad\qquad\qquad\quad x\approx -0,65$

d) $x=0$ h) $x_{1/2}=\pm\sqrt{2}$ $\quad x_{3/4}=$ERROR

Extrempunkte

Aufgabe 1

a) $f(x)=x^2-6x+1$ $\qquad$ | ableiten

$\quad f'(x)=2x-6$ $\qquad\quad$ | gleich Null setzen

$\quad 0=2x-6$ $\qquad\qquad$ | $+6$

$\quad 6=2x$ $\qquad\qquad\quad$ | $\div 2$

$\quad x=3$

$\qquad\qquad\qquad\qquad\quad$ | zweite Ableitung

$\quad f''(x)=2$ $\qquad\qquad$ | $x=3$

$\quad f''(3)=2$

$\quad 2>0,$ also TP

Jetzt noch den y-Wert vom ExtremPUNKT berechnen ;)

$\quad f(3)=3^2-6\cdot 3+1$

$\quad f(3)=-8$

$\quad EP(3|-8)$ TP $\qquad\qquad$ e) es gibt keine Extrempunkte

b) $EP_1(-\sqrt{\frac{2}{3}} \mid 1{,}09)$ HP

  $EP_2(\sqrt{\frac{2}{3}} \mid -1{,}09)$ TP

c) $EP_1(-1{,}14 \mid -2{,}15)$ TP
  $EP_2(0 \mid 1)$ HP
  $EP_3(2{,}64 \mid -29{,}04)$ TP

d) $EP_1=(-\frac{2}{3} \mid -8{,}63)$ TP

  $EP_2(1 \mid -4)$ HP

f) bei $x=0$ liegt kein EP

  $EP_1(1{,}27 \mid -1{,}35)$ TP

  $EP_2(-0{,}47 \mid 0{,}03)$ HP

g) es gibt keine Extrempunkte

h) $EP(0{,}25 \mid 3{,}875)$ TP

Aufgabe 2
a) gibt keine EP
b) gibt keine EP
c) gibt keine EP
d) Alle Hochpunkte:

  $HP_n(\frac{\pi}{2}+ n\cdot 2\pi \mid 1), n\in\mathbb{Z}$ [12]

  Alle Tiefpunkte:

  $TP_n(1{,}5\pi+ n\cdot 2\pi \mid -1), n\in\mathbb{Z}$

e) Alle Hochpunkte

  $HP_n(2\pi\cdot n \mid 1), n\in\mathbb{Z}$

  Alle Tiefpunkte:

  $TP_n(\pi+ 2\pi\cdot n \mid -1), n\in\mathbb{Z}$

f) gibt keine EP

g) $EP_1(0{,}8 \mid 2{,}97)$ HP

  $EP_2(-1{,}08 \mid -4{,}72)$ TP

h) $EP(\sqrt[3]{2} \mid 1{,}89)$ TP

Wendepunkte

Aufgabe 1
a) $f(x)=4x^4-x^3$
  $f'(x)=16x^3-3x^2$
  $f''(x)=48x^2-6x$

---

12 Das heißt: Der Sinus hat ja unendlich viele Hochpunkte. Und um das hinzuschrei-
ben, schreiben wir, dass der erste Hochpunkt bei $\frac{\pi}{2}$ liegt und ein weiterer nach
$n\cdot 2\pi$, wobei das „n" eine ganze Zahl sein muss. Und wenn du darüber mal kurz
nachdenkst und dir dabei den Graphen vom Sinus anguckst, dann wirst du merken,
dass damit wirklich alle Hochpunkte angegeben sind, weil sie ja immer einen Abstand von 2π zueinander haben.

notwendige Bedingung:

$0=48x^2-6x$

$0=x(48x-6) \rightarrow x_1=0$

$0=48x-6$

$6=48x$

$\dfrac{6}{48}=\dfrac{1}{8}=x_2$

hinreichende Bedingung:

$f'''(x)=96x-6$

$f'''(0)=96\cdot0-6$

$f'''(0)=-6$

$-6<0$, also links-rechts-Kurve

$f'''(\dfrac{1}{8})=96\cdot\dfrac{1}{8}-6$

$f'''(\dfrac{1}{8})=6$

$6>0$, also rechts-links-Kurve

Jetzt noch die y-Werte vom WendePUNKT berechnen ;)

$f(0)=4\cdot0^4-0^3$

$f(0)=0$

$f(\dfrac{1}{8})=4\left(\dfrac{1}{8}\right)^4-\left(\dfrac{1}{8}\right)^3$

$f(\dfrac{1}{8})\approx0{,}001$

$WP_1(0\,|\,0)$ linksRechts

$WP_2(\dfrac{1}{8}\,|\,0{,}001)$ rechtsLinks

b) $WP(-\dfrac{1}{6}\,|\,0{,}19)$ rechtsLinks

c) hat keine WP

d) hat keine WP

e) $WP(0\,|\,0)$ rechtsLinks

f) $WP(0\,|\,0)$ rechtsLinks

g) $WP_1(-1{,}03\,|\,-2{,}63)$

linksRechts

$WP_2(1{,}03\,|\,-2{,}63)$

rechtsLinks

h) $WP_1(-0{,}37\,|\,0{,}65)$

rechtsLinks

$WP_2(1{,}37\,|\,5{,}85)$

linksRechts

Aufgabe 2

a) hat keine WP [13]

b) $WP(\pi + n \cdot 2\pi \mid 0)$ $n \in \mathbb{Z}$ [14]

   rechtsLinks

    $WP(0 + n \cdot 2\pi \mid 0)$ $n \in \mathbb{Z}$ [15]

   linksRechts

c) $WP(\frac{\pi}{2} + n \cdot 2\pi \mid 0)$ $n \in \mathbb{Z}$

   rechtsLinks

   $WP(\frac{3}{2}\pi + n \cdot 2\pi \mid 0)$ $n \in \mathbb{Z}$

   linksRechts

d) hat keine WP [16]

e) $WP(0 \mid 0)$

   rechtsLinks

f) $WP(\frac{\pi}{2} + n \cdot \pi \mid 1)$ $n \in \mathbb{Z}$

   rechtsLinks

   $WP(0 + n \cdot \pi \mid 1)$ $n \in \mathbb{Z}$

   linksRechts

g) $WP(0,25 \mid 0,5625)$

   rechtsLinks

h) $WP(0 \mid 0)$

   linksRechts

Kurvendiskussion

Aufgabe 1

a) $D \in \mathbb{R}$

  $W \in \mathbb{R}$

  PS zum Ursprung

  $\lim\limits_{x \to -\infty} f(x) = -\infty$ $\lim\limits_{x \to +\infty} f(x) = +\infty$

  $Y(0 \mid 0)$

  $NS_1(-1,41 \mid 0)$ $NS_2(0 \mid 0)$

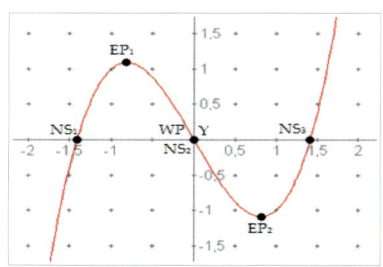

---

13 Wenn man die zweite Ableitung gleich Null setzt, kommt Null raus. Allerdings kommt bei der hinreichenden Bedingung auch Null raus...

14 Der erste rechts-links WP ist bei $(\pi \mid 0)$, alle anderen kommen immer im Abstand von 2π – wenn du es noch nicht ganz verstehst, dann schau dir ein Schaubild vom Sinus an...

15 Der erste links-rechts WP ist bei $(0 \mid 0)$, alle anderen kommen immer im Abstand von 2π – wenn du es nicht checkst, dann schau dir ein Schaubild vom Sinus an...

16 Wenn man das Schaubild kennt, dann weiß man ja, dass die Funktion keinen Wendepunkt hat. Dann reicht es aus, wenn man eine Skizze macht und einfach dazuschreibt, dass kein WP vorhanden sein kann...

$NS_3(1,41 \mid 0)$

$HP(-0,84 \mid 1,09)$ $TP(0,84 \mid -1,09)$

$WP(0 \mid 0)$

b) $D \in \mathbb{R}$

$W = \{y \in \mathbb{R} \mid y > -e\}$

keine Symmetrie

$\lim\limits_{x \to -\infty} g(x) = -e \qquad \lim\limits_{x \to +\infty} g(x) = +\infty$

$Y(0 \mid 1-e)$

$NS(1 \mid 0)$

keine Extrempunkte

keine Wendepunkte

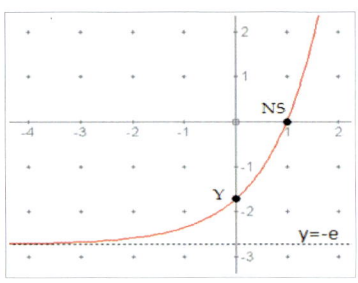

c) $D \in \mathbb{R} \setminus \{-1\}$

$W \in \mathbb{R} \setminus \{1\}$

keine Symmetrie

$\lim\limits_{x \to -\infty} h(x) = 1 \quad \lim\limits_{x \to +\infty} h(x) = 1$

$Y(0 \mid 2)$

$NS(-2 \mid 0)$

keine Extrempunkte

keine Wendepunkte

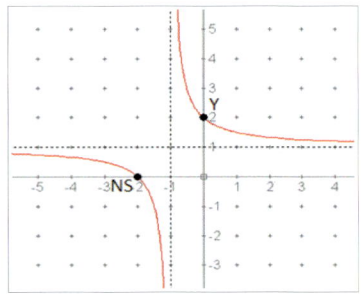

Tangente und Normale

Aufgabe 1

a) $f(x) = -x^3 + 3x$

y-Wert: $f(3) = -18 \rightarrow P(3 \mid -18)$

Tangente:

ableiten: $f'(x) = -3x^2 + 3$

Steigung der Tangente: $f'(3) = -24 \rightarrow m_t = -24$

b_t berechnen: $-18 = -24 \cdot 3 + b_t$

$\qquad\qquad b_t = 54 \qquad \rightarrow \qquad y_t = -24x + 54$

Normale:

$$m_n = \frac{1}{24}$$

b_n berechnen: $-18 = \frac{1}{24} \cdot 3 + b_n$

$$b_n = -18{,}125 \quad \rightarrow \quad y_n = \frac{1}{24}x - 18{,}125$$

d) $y_t = x$

$\quad y_n = -x$

b) $y_t = -3x + 0{,}5$

$\quad y_n = \frac{1}{3}x + \frac{23}{6}$

c) $y_t = -5{,}5\,x - \frac{119}{16}$

$\quad y_n = \frac{2}{11} + \frac{191}{176}$

e) $y_t \approx -0{,}42x + 1{,}74$

$\quad y_n \approx 2{,}4x - 3{,}9$

f) $y_t = 0{,}5x + 0{,}5$

$\quad y_n = -2x + 3$

Aufgabe 2

a) $y_t \approx 28{,}46\,x - 33{,}2$

$\quad y_n \approx -0{,}04\,x + 9{,}54$

b) $y_t \approx -0{,}5x + 1{,}79$

$\quad y_n \approx 2x - 2{,}14$

c) $y_t = 0{,}75\,x + 0{,}75$

$\quad y_n \approx -\frac{4}{3}x + 4{,}92$

d) $y_t \approx -1{,}63x + 0{,}74$

$\quad y_n \approx 0{,}61x + 2{,}98$

e) $j'(x) = 2\sin(2x) + 4x \cdot \cos(2x)$

$\quad y_t \approx -6{,}74\,x + 10{,}46$

$\quad y_n \approx 0{,}15\,x - 3{,}32$

f) $y_t = -\frac{3}{16}x - \frac{3}{4}$

$\quad y_n = \frac{16}{3}x + \frac{247}{24}$

Stammfunktionen

Aufgabe 1

a) $F(x) = \frac{1}{3}x^3 + c$

das „c" macht die Stammfunktion allgemein.

b) $G(x) = 0{,}5x^4 + c$

e) $J(x) = \frac{1}{6}x^3 - \frac{1}{2}x^2 + c$

f) $K(x) = x^5 - \frac{1}{3}x^3 + c$

c) $H(x) = 5x + c$

d) $I(x) = 2x^2 + 7x + c$

g) $L(x) = -\dfrac{1}{30}x^6 + c$

h) $M(x) = \dfrac{1}{16}x^4 + c$

Aufgabe 2

a) $F(x) = \dfrac{1}{9}x^3 - x^2 + ex$

b) $G(x) = 0,02x^5 - \dfrac{1}{x^2} - 0,5x^2$

c) $H(x) = \dfrac{1}{8}x^4 - 0,5x^2 + 2x$

d) $I(x) = x^5 - \dfrac{1}{7}x^4 + \dfrac{0,05}{3}x^3$

e) $J(x) = -\cos(x)$

f) $K(x) = -2\sin(x)$

Aufgabe 3

a) $F(x) = \ln(x)$ klingt komisch –
ist aber so :)

b) $G(x) = -\dfrac{2}{x}$

c) $H(x) = -\dfrac{4}{x} + 5x$

d) $I(x) = \sqrt{x}$

e) $J(x) = 0,6x^{\frac{5}{3}}$

f) $K(x) = 0,6x^{\frac{5}{3}}$

g) $L(x) = e^{x-3}$

h) $M(x) = e^x$

Aufgabe 4

a) $F(x) = 0,5e^{2x}$

b) $G(x) = 2e^{0,5x}$

c) $H(x) = \dfrac{1}{2x}e^{x^2}$

d) $I(x) = 3e^{\frac{1}{3}x} + x^3$

e) $J(x) = -0,5\cos(2x)$

f) $K(x) = 5\sin(0,2x)$

g) $L(x) = -\dfrac{1}{3}\cos(3x) + 2x$

h) $M(x) = 0,5e^{2x} - 2\cos(0,5x)$

Flächen und Funktionen

Ober- und Untersumme

Aufgabe 1

a) Erstes Rechteck: $f(1)\cdot 1$
   Zweites Rechteck: $f(2)\cdot 1$
   Drittes Rechteck: $f(3)\cdot 1$
   Viertes Rechteck: $f(4)\cdot 1$
   Untersumme: $A_U = f(1)\cdot 1 + f(2)\cdot 1 + f(3)\cdot 1 + f(4)\cdot 1$
   $A_U = 4{,}8 + 4{,}2 + 3{,}2 + 1{,}8$
   $A_U = 14$ FE

b) Erstes Rechteck: $f(0)\cdot 1$
   Zweites Rechteck: $f(1)\cdot 1$
   Drittes Rechteck: $f(2)\cdot 1$
   Viertes Rechteck: $f(3)\cdot 1$
   Fünftes Rechteck: $f(4)\cdot 1$
   Obersumme: $A_O = f(1)\cdot 1 + f(2)\cdot 1$
   $+ f(3)\cdot 1 + f(4)\cdot 1$
   $A_O = 5 + 4{,}8 + 4{,}2 + 3{,}2 + 1{,}8$
   $A_O = 19$ FE

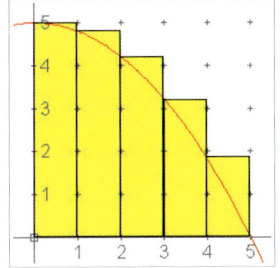

c) Mittelwert:
   $A = (A_U + A_O) \div 2$
   $A = (14 + 19) \div 2$
   $A = 16{,}5$ FE

Aufgabe 2

$A_U \approx 0{,}853$ FE $A_O \approx 1{,}466$ FE $A \approx 1{,}16$ FE

Aufgabe 3

$A_U = 1{,}5$ FE $A_O \approx 2{,}071$ FE $A \approx 1{,}79$ FE

Aufgabe 4

a) $A_U \approx 1,47\,cm^2$ $A_O \approx 2,43\,cm^2$
   $A \approx 1,95\,cm^2$

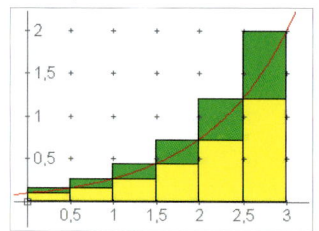

b) $A_U \approx 1,49\,cm^2$ $A_O \approx 2,41\,cm^2$
   $A \approx 1,95\,cm^2$

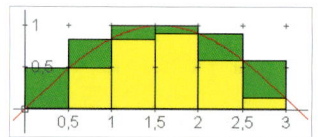

c) $A_U \approx 2,86\,cm^2$ $A_O \approx 3,42\,cm^2$
   $A \approx 3,14\,cm^2$

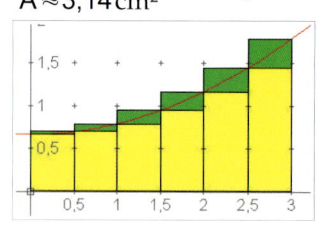

d) $A_U \approx 1,55\,cm^2$ $A_O \approx 2,55\,cm^2$
   $A \approx 2,05\,cm^2$

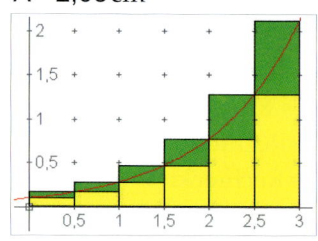

e) $A_U \approx 3,5\,cm^2$ $A_O \approx 4,43\,cm^2$
   $A \approx 3,97\,cm^2$

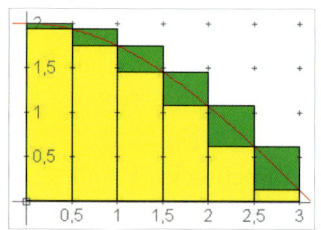

f) $A_U \approx 3,13\,cm^2$ $A_O \approx 4,03\,cm^2$
   $A \approx 3,58\,cm^2$

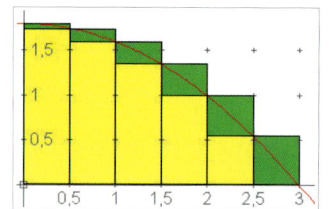

Zwischen Graph und x-Achse

Aufgabe 1

a) $A = 19,5$ FE   c) $A \approx 1,99$ FE

b) $A = e^3 - e^0$

   $A \approx 20{,}09 - 1$

   $A \approx 19{,}09$ FE

d) $A = \dfrac{2}{3} \cdot 3^{1{,}5} - \dfrac{2}{3} \cdot 0^{1{,}5}$

   $A \approx 3{,}46$ FE

Aufgabe 2

a) $A = \displaystyle\int_0^2 x^2 + 1 \, dx$

   $A = \left[\dfrac{1}{3} x^3 + x \right]_0^2$

   $A = \dfrac{1}{3} \cdot 2^3 + 2 - \left(\dfrac{1}{3} \cdot 0^3 + 0 \right)$

   $A = \dfrac{14}{3}$ FE

b) $A = \dfrac{63}{4}$ FE

c) $A = \dfrac{45}{4}$ FE

d) $A = \dfrac{1274}{15} \approx 84{,}93$ FE

Aufgabe 3

a) $A = 30$ FE

b) $A = \dfrac{80}{3}$ FE

c) $A = \dfrac{25}{6}$ FE

d) $A = \dfrac{79}{8}$ FE

e) $A \approx 54{,}23$ FE

f) $A \approx 6{,}19$ FE

g) $A \approx 12{,}08$ FE

h) $A \approx 36{,}65$ FE

Zwischen zwei Graphen

Aufgabe 1

a) $f(x) = (x-2)^3$ | ausmultiplizieren

   $f(x) = x^3 - 6x^2 + 12x - 8$ | aufleiten

   $F(x) = \dfrac{1}{4} x^4 - 2x^3 + 6x^2 - 8x$

   $g(x) = e^{x-2}$

   $G(x) = e^{x-2}$

   $A = \displaystyle\int_2^3 f(x) - g(x) \, dx$

   $A = \displaystyle\int_2^3 x^3 - 6x^2 + 12x - 8 - e^{x-2} \, dx$

$$A=\left[\frac{1}{4}x^4-2x^3+6x^2-8x-e^{x-2}\right]_2^3$$

$$A=\frac{1}{4}\cdot3^4-2\cdot3^3+6\cdot3^2-8\cdot3-e^{3-2}-\left(\frac{1}{4}\cdot2^4-2\cdot2^3+6\cdot2^2-8\cdot2-e^{2-2}\right)$$

$$A\approx\qquad-6,47\qquad-\qquad(-5)$$

$A\approx-1,47$ | aber weil Flächen nicht negativ sein können...

$A\approx1,47$ FE

d) $A=\dfrac{13}{6}$ FE

b) $A=2,5$ FE

c) $A\approx1,07$ FE

e) $A\approx98,14$ FE

f) $A=[-\cos(x)+x+\cos(x)]_2^3$

$\qquad A=[x]_2^3$

$\qquad A=1$

Flächen über und unter der x-Achse

Aufgabe 1

a) $A=\displaystyle\int_{0,5}^{1,5}0,5x^2-0,5\ dx$

b) $A\approx0,52$ FE

c) $A\approx0,92$ FE

$$A=\left[\frac{1}{6}x^3-0,5x\right]_{0,5}^{1,5}$$

...weil bei x=1 die Nullstelle ist...

$$A_1=\left[\frac{1}{6}x^3-0,5x\right]_{0,5}^{1}$$

$A_1\approx-0,1$ FE

$$A_2=\left[\frac{1}{6}x^3-0,5x\right]_{1}^{1,5}$$

$A_2\approx0,15$ FE

$A=0,25$ FE

Aufgabe 2

a) $A = \int_{4}^{7} g(x) - f(x) \; dx$ [17]
     b) $A = 6,75$ FE   c) $A \approx 0,58$ FE

$A = \int_{4}^{7} -x^2 + 11x - 28 \; dx$

$A = \left[-\frac{1}{3}x^3 + 5,5x^2 - 28x \right]_{4}^{7}$

$A = 4,5$ FE

Aufgabe 3

a) $0 = x^2 - 3x + 1$ d) $NS = \ln(3)$ $A \approx 2,98$ FE

$x_1 \approx 0,382$ $x_2 \approx 2,618$

$A = \int_{2}^{2,618} f(x) \; dx + \int_{2,618}^{3} f(x) \; dx$

$A \approx 0,53$ FE

b) $NS = \sqrt{3}$ $A \approx 1,76$ e) $NS = 2\pi$ $A \approx 5,67$ FE [18]

c) $NS = 1$ $A = 1$ FE   f) $NS \approx -0,869$ $A \approx 1,28$ FE

„Unendliche Flächen"

Aufgabe 1

a) $A = \infty$ [19]   e) $A = e^0 - e^{-\infty} = 1$ FE [20]

b) $A = \infty$ f) $A = 2e^{-1} \approx 0,74$ FE

c) $A = \infty$ [21]   g) $A = \frac{1}{3}$ FE

d) $A = \frac{1}{32}$ FE   h) $A = 12$ FE

---

17   Bei Flächen zwischen zwei Funktionen, muss man auf „über" und „unter der x-Achse" nicht achten.

18   $J(X) = -4\cos(0,5x)$

19   $A = \frac{1}{3} - \frac{1}{0}$, wobei $\frac{1}{0}$ gegen unendlich strebt. Deswegen eigentlich $A = -\infty$, aber weil es ne Fläche ist, steht da halt $A = \infty$.

20   $A = e^0 - e^{-\infty}$, wobei $e^{-\infty}$ gegen 0 strebt.

21   Falls du das nicht so verstehst, dann schau dir am besten mal das Schaubild der Funktion an :)

Extremwertaufgaben

Aufgabe 1

Diese Aufgabe will ich mal ganz ausführlich erklären.

1. Was ist das Ziel der Aufgabe? Was wollen die von mir?

- Seitenlänge, damit Fläche maximal
- maximale Fläche
- Hühner glücklich?

2. Bei Extremwertaufgaben soll ja immer etwas „extrem" werden und bei dieser Aufgabe ist das die Fläche. Wir wissen, dass es eine rechteckige Fläche ist und stellen dafür eine ganz allgemeine Gleichung auf: $A = a \cdot b$

Oh Wunder – die Fläche ist zur Zeit von zwei Variablen abhängig! Da muss es doch eine Nebenbedingung geben... „In seiner Scheune findet er 40m Maschendrahtzaun." Also stellen wir mal ganz allgemein eine Gleichung damit auf. Immerhin hat das Rechteck also einen Umfang von 40m. Also kann man sagen $40 = 2a + 2b$.

Jetzt müssen wir diese Gleichung nach einer Variablen umformen, damit wir sie dann in die erste Funktion $A = a \cdot b$ einsetzen können.

$$40 = 2a + 2b \qquad | -2b$$
$$40 - 2b = 2a \qquad | \div 2$$
$$20 - b = a$$

So, dann setzen wir jetzt a in die Ausgangsfunktion ein:

$$A = a \cdot b \qquad | a = 20 - b$$
$$A = (20 - b) \cdot b$$

Perfekt! Jetzt haben wir den schwersten Teil geschafft. Jetzt heißt es nur noch: Extrempunkt berechnen! Dafür multiplizieren wir die Gleichung erst mal aus.

$$A(b) = 20b - b^2 \qquad | \text{ ableiten}$$
$$A'(b) = 20 - 2b \qquad | \text{ gleich Null setzen}$$

notwendige Bedingung:

$$0 = 20 - 2b \qquad | + 2b \ | \div 2$$
$$b = 10$$

Okay, bei b liegt also möglicherweise ein Extrempunkt. Um sicher zu gehen, brauchen wir die hinreichende Bedingung:

$A''(b) = -2$

$A''(10) = -2 \rightarrow -2 < 0 \rightarrow$ Hochpunkt

Die Seite b muss also 10m lang sein, damit die Fläche maximal wird. Um die Länge der Seite a auszurechnen, müssen wir b in die Nebenbedingung einsetzen:

$40 = 2a + 2b$ $|\, b = 10$

$40 = 2a + 2 \cdot 10$ $|-20 \quad | \div 2$

$a = 10$

Okay, wie die Seite b, muss auch die Seite a 10m lang sein, damit die Fläche maximal wird. Und spätestens jetzt sollte man nochmal auf die Aufgabenstellung schauen, um genau zu wissen, was denn gefragt ist. In diesem Fall, will man noch diese maximale Fläche wissen und dann gibt es noch eine Zusatzaufgabe.

$A_{max} = 10m \cdot 10m$

$A_{max} = 100m^2$

In der Zusatzaufgabe steht nun „Man sagt, dass man pro Huhn mit 2m² rechnen soll, damit sie glücklich sind."

Wir haben also 100m² und 50 Hühner. Also rechnen wir einfach 100 durch 50 und dann wissen wir, wie viel m² für jedes Huhn zur Verfügung stehen.

$100m^2 \div 50 = 2m^2$

Aha, jedes Huhn hat rechnerisch also seine eigenen 2m².

Und zu guter Letzt darf man natürlich nicht die Antwortsätze vergessen. Das wäre richtig ärgerlich, wenn man wegen so einem Satz paar Punkte liegen lässt.

A: Damit die Fläche maximal wird, müssen die Seiten des Geheges jeweils 10m lang sein. Daraus ergibt sich eine maximale Fläche von 100m².

Ja, seine Hühner werden glückliche Hühner sein.

Und jetzt sei einfach mal ganz ehrlich zu dir selbst: So schwer ist Mathe nun wirklich nicht, oder!?

Aufgabe 2

Gesucht: A = breite·länge

Hier ist es vielleicht etwas schwierig das auf die Aufgabe anzupassen. Aber wenn man sich das Schaubild genau ansieht, dann könnte man sagen, dass die Breite 2x ist und die Höhe genau y, weil die Höhe ja immer auf der Parabel liegt (etwas salopp formuliert, aber ich hoffe du verstehst, was damit gemeint ist..).

Also: $A = 2x \cdot y$ → A ist von zwei Variablen abhängig.

Die Nebenbedingung in diesem Fall ist, dass die eine Ecke des Rechtecks auf der Parabel liegt – das meinte ich auch mit „ weil die Höhe ja immer auf der Parabel liegt". Somit ist Nebenbedingung, einfach die Gleichung der Parabel.

$y = 4 - x^2$

$A = 2x \cdot (4 - x^2)$ | ausmultiplizieren

$A = 8x - 2x^3$

$A'(x) = 8 - 6x^2$

notwendige Bedingung:

$0 = 8 - 6x^2$ | $+ 6x^2$ | $\div 6$

$x^2 = \dfrac{4}{3}$ | $\pm\sqrt{}$

$x_{1/2} = \pm\sqrt{\dfrac{4}{3}}$

Für x kommen also zwei Möglichkeiten in Frage $\sqrt{\dfrac{4}{3}}$ und $-\sqrt{\dfrac{4}{3}}$. Welche davon ist jetzt die Richtige? Dafür ist es jetzt gut, dass du dir die Funktion so grob im Kopf vorstellen kannst – wie sieht die Funktion $8x - 2x^3$ denn aus?

In etwa so: Das heißt, dass bei $-\sqrt{\dfrac{4}{3}}$ ein Tiefpunkt ist und bei $\sqrt{\dfrac{4}{3}}$ ein Hochpunkt. Und da wir die maximale Fläche berechnen wollen, brauchen wir einen Hochpunkt – also rechnen wir mit $\sqrt{\dfrac{4}{3}}$ weiter.

hinreichende Bedingung:

$A''(x) = -12x$

$A''\left(\sqrt{\frac{4}{3}}\right)=-12\cdot\sqrt{\frac{4}{3}}$ „minus mal plus" ergibt auf jeden Fall minus:

$A''\left(\sqrt{\frac{4}{3}}\right)<0 \rightarrow$ Hochpunkt

Nun fehlt uns noch y, um den maximalen Flächeninhalt zu berechnen. Dafür setzen wir x in die Nebenbedingung ein.

$y=4-\left(\sqrt{\frac{4}{3}}\right)^2$

$y=4-\frac{4}{3}$

$y=\frac{8}{3}$

Und jetzt sind wir gleich fertig...

$A=2\cdot\sqrt{\frac{4}{3}}\cdot\frac{8}{3}$

$A\approx 6{,}16$ FE

Aufgabe 3

$V=\pi r^2\cdot h$ soll maximiert werden

$50=2\pi r^2+2\pi r\cdot h$

$h=\frac{50-2\pi r^2}{2\pi r}$

$V(r)=\pi r^2\cdot\frac{50-2\pi r^2}{2\pi r}=\frac{50\pi r^2-2\pi^2 r^4}{2\pi r}=25r-\pi r^3$

$V'(r)=25-3\pi r^2$

$0=25-3\pi r^2$

$r_{1/2}\approx\pm 1{,}68\,\text{cm}$ Ein Radius kann schlecht negativ sein...

$r\approx 1{,}68\,\text{cm}$

$r\rightarrow h=\frac{50-2\pi\cdot 1{,}68^2}{2\pi\cdot 1{,}68}$

$h=3{,}06\,\text{cm}$

$r,h\rightarrow V=\pi\cdot 1{,}68^2\cdot 3{,}06$

$V=27{,}13\,\text{cm}^3=0{,}027$ liter

ziemlich kleine Dose irgendwie :D naja, ging ja hauptsächlich ums Rechnen und nicht, ob es realistisch ist^^

Aufgabe 4

Damit die Fläche des Rechtecks maximal wird, muss $x = 10$ LE und $y = 5$ LE betragen.

Aufgabe 5

Oberfläche soll minimal werden:

$O(b,h) = 12b + 12h + 2bh$

$96 = 6 \cdot b \cdot h$

$b = 4$

$h = 4$

Aufgabe 6

$$V(h,r) = \pi r^2 h + \frac{2}{3}\pi r^3$$

$$\text{Mantel + Halbkugel}$$

$$400 = 2\pi rh + 2\pi r^2$$

$$h = \frac{200}{\pi r} - r$$

$$V(r) = \pi r^2 \cdot \left(\frac{200}{\pi r} - r\right) + \frac{2}{3}\pi r^3 \qquad | \text{ ausmultiplizieren}$$

$$V(r) = \frac{200\pi r^2}{\pi r} - \pi r^3 + \frac{2}{3}\pi r^3 \qquad | \text{ kürzen}$$

$$V(r) = 200r - \frac{1}{3}\pi r^3$$

...ableiten...Null setzen...

$$r = \sqrt{\frac{200}{\pi}} \approx 7{,}98$$

...hinreichende Bedingung! → Hochpunkt.

Maximales Volumen ist somit:

$$V\left(\sqrt{\frac{200}{\pi}}\right) \approx 1.063{,}85 \ \text{cm}^3 = 1{,}06385 \ \text{Liter}$$

h berechnen:

$$h = \frac{200}{\pi \cdot \sqrt{\dfrac{200}{\pi}}} - \sqrt{\frac{200}{\pi}}$$

$$h = 0$$

A: Das maximale Volumen wird mit $r=\sqrt{\dfrac{200}{\pi}}$ und $h=0$ erreicht. Es beträgt somit $1,06385$ Liter

Randwertbetrachtung

Aufgabe 1

...

$A(x)=x^3-6x^2+11,5x$

...

$A'(x)=0 \rightarrow x_1\approx1,59 \quad x_2\approx2,41$

die hinreichende Bedingung zeigt, dass x_1 ein Hochpunkt ist und x_2 ein Tiefpunkt. Fläche soll ja maximal werden, also

$A(1,59)=7,1361\,FE$

Um nun wirklich sicher zu gehen, ob das wirklich der maximale Flächeninhalt ist, setzen wir die Randwerte ein und testen einfach mal. Die Randwerte sind in der Aufgabenstellung gegeben, weil $0\leq x\leq3$.

$A(0)=0$ $\rightarrow$ ist also kleiner als $A(1,59)$

$A(3)=7,5$ $\rightarrow$ ist größer als $A(1,59)$

Und somit ist die richtige Lösung eben nicht $1,59$, sondern 3 .

Aufgabe 2

Extrempunkt ergibt $a=50$, $b=50$, Produkt wäre damit bei 2500 . Die Randwertbetrachtung zeigt, dass $a=100$, $b=0$ und $a=0$, $b=100$ bessere Lösungen sind.

Rotationsvolumen

Aufgabe 1

a) um die x-Achse:

$$V=\pi\cdot\int_{-8}^{10}\left(\frac{1}{20}x^2+5\right)^2 \ dx$$

$$V_x=\pi\cdot\int_{-8}^{10}\frac{1}{400}x^4+\frac{1}{2}x^2+25 \ dx$$

$$V_x=\pi\cdot\left[\frac{1}{2000}x^5+\frac{1}{6}x^3+25x\right]_{-8}^{10}$$

$$V_x = \pi \cdot 466,\overline{6} - (-301,717\overline{3})$$
$$V_x \approx 2413,95 \text{ VE}$$

um die y-Achse:

$$y = \frac{1}{20}x^2 + 5 \qquad | \text{ x und y tauschen}$$

$$x = \frac{1}{20}y^2 + 5 \qquad |-5 \qquad |\cdot 20$$

$$20x - 100 = y^2 \qquad |\sqrt{}$$

$$y = \sqrt{20x - 100}$$

$$V_y = \pi \cdot \int_{-8}^{10} \left(\sqrt{20x - 100}\right)^2 dx$$

$$V_y = \pi \cdot \int_{-8}^{10} 20x - 100 \ dx$$

$$V_y = \pi \cdot \left[10x^2 - 100x\right]_{-8}^{10} dx$$

$$V_y = \pi \cdot (-1440)$$

$$V_y \approx 4523,89 \text{ VE}$$

c) $V_x \approx 330,09$ VE
   $V_y \approx 753,98$ VE

b) $V_x \approx 152,68$ VE
   $V_y \approx 14,14$ VE

d) $V_x = 3\pi$ VE
   $V_y = 1,55\,\pi$ VE

Aufgabe 2

a) $V \approx 83,7$ VE   d) $V \approx 87,13$ VE

b) $V \approx 10,04$ VE [22]   e) $V \approx 16,76$ VE

c) $V \approx 123,37$ VE   f) $V \approx 21.427,38$ VE

Funktionsgleichungen herleiten

Lineare Gleichungssysteme

Aufgabe 1

a) II − I $\quad 2 = \frac{2}{3}x \quad |\div \frac{2}{3}$ c) $x = -1$ e) $x = -4$

              $x = 3$ $y = -3$ $y = 4$

              $y = 4$

---

22   $\left(e^x\right)^2 = e^{2x}$, und die Stammfunktion von e^{2x} ist $0,5e^{2x}$.

b) a=6   d) x=−4   f) x=3

   b=2   y=−2   y=5

Aufgabe 2

a) I 2a+5b=7 |·2   ...damit 4a da steht...

   II −4a−b=5

   I 4a+10b=14

   II −4a−b=5

   I+II 9b=19 |÷9

   $b=\frac{19}{9}$

b→I $2a+5\cdot\frac{19}{9}=7$ | Gleichung nach a auflösen

   $a=-\frac{16}{9}$

e) $x=-\frac{603}{98}$ i) x=−3

   $y=-\frac{173}{49}$ y=6,25

b) x=0,25   f) x∈ℝ [23]   j) $x=\frac{22}{15}$

   y=0,25   y∈ℝ $y=\frac{28}{15}$

c) $r=\frac{6}{13}$ g) $a=\frac{7}{3}$ k) x=0

   $s=\frac{15}{13}$ $b=\frac{49}{15}$ y=0

d) $x=\frac{12}{5}$ h) x=1 [24]   l) $x=\frac{109}{20}$

   $y=-\frac{4}{5}$ $y=-\frac{1}{3}$ $y=\frac{13}{48}$

---

23 Stellt man die zwei Gleichungen um, so erkennt man, dass beide Gleichungen gleich sind! Das heißt, dass es egal ist, was man für x oder y einsetzt, weil ja eh immer das selbe raus kommt, wenn die Gleichungen gleich sind... ;)

24 x kann man schon mit der ersten Gleichung berechnen...und muss dann nur noch in die zweite eingesetzt werden. :)

Funktionsgleichungen herleiten

Aufgabe 1

a) $f(x)=x^2-1$

b) $f(x)=1{,}5x^2-1{,}5x$

c) $f(x)=-0{,}25x^2+0{,}5x+2{,}75$

d) $f(x)=2x^2+8x-3$

Aufgabe 2

$$f(x)=\frac{1}{9}x^2+\frac{2}{9}x+\frac{37}{9}$$

Aufgabe 3

a) $f(x)=\dfrac{4}{27}x^3-4x$

b) $f(x)=x^3-9x^2+24x+3$

Aufgabe 4

$$f(x)=-0{,}25x^3-\frac{5}{6}x^2+\frac{16}{3}$$

Aufgabe 5

$$f(x)=-\frac{5}{16}x^4+2{,}5x^3-\frac{45}{8}x^2+5x-\frac{25}{16}$$

Um das absolute Maximum zu bestimmen, muss man die Funktion erst mal ableiten:

$$f'(x)=-\frac{5}{4}x^3+7{,}5x^2-11{,}25x+5$$

und der Rest ist ja eh bekannt...

absolutes Maximum: $E(4\,|\,8{,}44)$

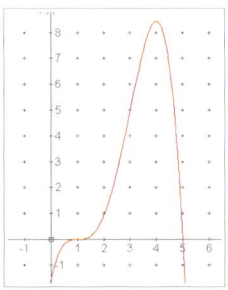

Aufgabe 6

Wir starten immer mit der Aufstellung der allgemeinen Vorschrift...

$f(x)=ax^4+bx^3+cx^2+dx+e$

...und leiten die am besten direkt zwei mal ab.

$f'(x)=4ax^3+3bx^2+2cx+d$

$f''(x)=12ax^2+6bx+2c$

„Sattelpunkt bei $S(0\,|\,4)$ ": Da Sattelpunkt ein Extrem- und ein Wende-punkt zugleich ist, muss erste und zweite Ableitung gleich Null sein.

I f'(0)=0   → d=0
II f''(0)=0   → c=0

„Bei $x_1=2$ die Gerade $t(x)=4x-8$ berühren": Also bei $x_1=2$ die Stei-gung wie die Gerade, also 4.
III f'(2)=4

„Sattelpunkt bei $S(0\,|\,4)$ ": Heißt nicht nur, dass erste und zweite Ab-leitung gleich Null sind, sondern auch, dass es den Punkt $(0\,|\,4)$ auf der Funktion gibt.
IV f(0)=4   → e=4

Jetzt fehlt noch eine Gleichung. Die kann man leider nicht direkt aus dem Text rauslesen, aber da die Gerade $t(x)=4x-8$ bei $x_1=2$ den Gra-phen berührt, kann man sich diesen Punkt berechnen:
t(2)=4·2−8
t(2)=0
Die Gerade berührt den Graphen also im Punkt $P(2\,|\,0)$ und dieser liegt somit auch auf dem Graphen.
V f(2)=0

Somit bleibt folgendes LGS zu lösen:
III $4=4a \cdot 2^3+3b \cdot 2^2$
V $0=a \cdot 2^4+b \cdot 2^3+4$

III 4=32a+12b
V −4=16a+8b

a=1,25 ; b=−3
$f(x)=1,25\,x^4-3x^3+4$

3 Gleichungen, 3 Variablen

Aufgabe 1

a) I $6x + 3y - 7z = 4$

II $8x - 6y + 9z = 2$

III $-8x + 8y + 2z = 28$

Weil es hier gut passt, addiere ich gleich mal II und III

II+III $2y + 11z = 30$

Da eben die Variable x eliminiert wurde, muss jetzt wieder x eliminiert werden. Dafür bieten sich die Gleichungen I und III an.

I·4 $24x + 12y - 28z = 16$

III·3 $-24x + 24y + 6z = 84$

Hier heißt I·4 nur, dass das die „erste Gleichung mal 4" ist. Das selbe gilt für III·3 .

I+III $36y - 22z = 100$

Okay, jetzt haben wir zwei Gleichungen mit zwei Variablen :)

II+III $2y + 11z = 30$ $| \cdot 2$

I+III $36y - 22z = 100$

(I+II)+(I+III) $40y = 160$ $| \div 40$

$y = 4$

Somit haben wir die erste Variable ausgerechnet und können ganz einfach die zweite berechnen.

y=4 → (II+III) $2 \cdot 4 + 11z = 30$ $| -8$

$11z = 22$ $| \div 11$

$z = 2$

Und jetzt setzen wir beide Variablen in eine der drei Ausgangsgleichungen ein.

y=4, z=2 → I $6x + 3 \cdot 4 - 7 \cdot 2 = 4$ $| + 2$

$6x = 6$

$x = 1$

Und damit wären wir fertig: $x = 1$, $y = 4$, $z = 2$

e) $a = -9$, $b = 7$, $c = 7$

b) $x = 6$, $y = 6$, $z = 7$ f) $a = 5$, $b = -1$, $c = -9$

c) $x=5$, $y=-10$, $z=6$ g) $x=-7$, $y=-2$, $z=9$

d) $x=7$, $y=2$, $z=8$ h) $x=1$, $y=7$, $z=1$

Aufgabe 2

a) $a=\dfrac{5}{6}$, $b=-\dfrac{53}{6}$, $c=-\dfrac{85}{6}$ e) $a\approx0{,}96$, $b\approx-0{,}33$, $c\approx-0{,}54$

b) $a=-\dfrac{250}{441}$, $b=-\dfrac{1508}{441}$, $c=-\dfrac{25}{63}$ f) $a\approx-0{,}89$, $b\approx-5{,}99$, $c\approx-2{,}69$

c) $a=-\dfrac{19}{371}$, $b=-\dfrac{22}{371}$, $c=-\dfrac{27}{53}$ g) $a\approx3{,}06$, $b\approx-0{,}67$, $c\approx-0{,}91$

d) $x=\dfrac{57}{74}$, $y=\dfrac{199}{74}$, $z=-\dfrac{87}{74}$ h) $a\approx-3{,}53$, $b\approx-2{,}82$, $c\approx20{,}06$

Funktionsgleichungen herleiten

Aufgabe 1

a) $f(x)=x^2-x+1$

b) $g(x)=0{,}5\,x^2-x+1$

c) $h(x)=-x^2+3$

d) $i(x)=-0{,}2\,x^2+2x+3$

Aufgabe 2

$f(0)=10$ $\rightarrow\ d=10$

$f(30)=5$

$f''(15)=0$

$f'(15)=-0{,}5$

$f(x)=\dfrac{1}{675}x^3-\dfrac{1}{15}x^2+\dfrac{1}{2}x+10$

Aufgabe 3

„achsensymmetrisch": keine ungeraden Exponenten

$f'(1)=-1{,}5$

$f(1)=3$

$f(-4)=8$

$f(x)=\dfrac{13}{180}x^4-\dfrac{161}{180}x^2+\dfrac{172}{45}$

Aufgabe 4

„punktsymmetrisch": keine geraden Exponenten

$f'(3)=0$

$f(3)=0$

$f'(5)=4$

$f(x)=\dfrac{1}{464}x^5-\dfrac{9}{232}x^3+\dfrac{81}{464}x$

Aufgabe 5

$f''(2)=0$

$f'(2)=4$

$f(2)=5$

„Sattelpunkt im Ursprung":

1. Der Punkt $(0\,|\,0)$ liegt auf dem Graphen. $\rightarrow$ $f=0$
2. Extrempunkt bei $x=0$: $f'(0)=0$ $\rightarrow$ $e=0$
3. Wendepunkt bei $x=0$: $f''(0)=0$ $\rightarrow$ $d=0$

$f(x)=-\dfrac{3}{3584}x^5-\dfrac{79}{256}x^4+\dfrac{279}{224}x^3$

Aufgabe 6

$f'(0)=0$ $\rightarrow$ $c=0$

$f(0)=-3$ $\rightarrow$ $d=-3$

$f(-3)=0$

$f'(-3)=0$

$f(x)=\dfrac{2}{9}x^3+x^2-3$

NACHWORT

Okay, das war alles, was ich dir beibringen wollte. Ich hoffe du konntest alles verstehen und fandest das Buch insgesamt sehr gut und auch ein wenig lustig erklärt. Ich wollte Mathe nicht so steif rüber bringen – hoffe es ist mir gelungen. :)

Falls du kurz vor dem Abitur stehst, empfehle ich dir einige Abituraufgaben der letzten Jahre zu rechnen. Da findest du auch einige auf meiner Homepage ;) Du hast jetzt alle Basics drauf, sodass du nach ein wenig Übung auch die schweren Aufgaben lösen kannst. ;) Dabei wünsche ich dir gutes Gelingen und hoffe, dass du vielleicht sogar ein wenig Spaß daran findest.

Also dann, von mir persönlich noch alles Gute und viel Erfolg!

Dario.

P.s.: Wenn du der Meinung bist, dass du Mathe nach dem Lesen dieses Buches besser verstehst, dann empfehle es doch einfach weiter, damit es auch anderen eine Hilfe sein kann. :)